AKADEMIE DER WISSENSCHAFTEN DER DDR

ATLAS
DER VERBREITUNG
PALAEARKTISCHER VÖGEL

Begründet von
E. STRESEMANN, Berlin, und L. A. PORTENKO, Leningrad

13. LIEFERUNG

Herausgegeben von
H. DATHE, Berlin, und I. A. NEUFELDT, Leningrad

Bearbeitet von

I. A. NEUFELDT, E. v. VIETINGHOFF-SCHEEL, K. WUNDERLICH

Mit 10 zweifarbigen Verbreitungskarten

AKADEMIE-VERLAG · BERLIN

1986

Aus der Forschungsstelle für Wirbeltierforschung (im Tierpark Berlin)
der Akademie der Wissenschaften der DDR

Erschienen im Akademie-Verlag Berlin, DDR-1086 Berlin, Leipziger Straße 3–4
Akademie-Verlag Berlin 1986
Lizenznummer: 202 · 100/531/86
Printed in the German Democratic Republic
Gesamtherstellung: VEB Druckerei „Thomas Müntzer“ 5820 Bad Langensalza
LSV 1375
Bestellnummer: 763 416 6 (3034/13)
03000

INHALT DER 13. LIEFERUNG

VORWORT ZUR 13. LIEFERUNG

Wie stets ist uns auch für diese Lieferung wertvolle Unterstützung seitens avifaunistisch und ökologisch versierter Kollegen gegeben worden. Spezieller Dank gebührt Dr. W. Baumgart (Damaskus), Dr. B. Biswas (Kalkutta), S. Eck (Dresden), Dr. H. Kumerloeve (München-Gräfelfing), Prof. Dr. J. Martens (Mainz), Prof. Dr. E. Rutschke (Potsdam), Dr. H. Schifter (Wien), Dr. G. Spies, Berlin.

Alle Verbreitungskarten wurden dankenswerterweise von Herrn J. Dornics (Berlin) angefertigt.

Erika v. Vietinghoff-Scheel — Klaus Wunderlich

Bates u. Lowther 1952 — Breeding Birds Kashmir. London. 127–129.
Bianchi 1907 — Aves Exped. Kozlowi Mongol., Tibet. Orient. St. Petersb. 64–65.
Biddulph 1881 — Ibis (4) 5, 66.
Butler 1880 — Stray Feathers 9, 408.
David u. Oustalet 1877 — Ois. Chine. Paris. 267.
Davison 1883 — Stray Feathers 10, 394–395.
Deditius 1886 — J. Orn. 34, 536; 538.
Diesselhorst 1968 — Khumbu Himal. Innsbruck-München. 269–272.
Dresser 1906 — Ibis (8) 6, 338–339.
Greenway 1933 — Bull. Mus. Comp. Zool. Harvard 74/5, 146.
Kinnear 1922 — Ibis (11) 4, 512–513.
Koelz 1937 — Ibis (14) 1, 92.
Lavkumar 1955 — J. Bombay Nat. Hist. Soc. 52, 928.
Ludlow 1920 — J. Bombay Nat. Hist. Soc. 27, 142.
Ludlow 1928 — Ibis (12) 4, 57–58.
Ludlow 1944 — Ibis 86, 197–198.
Ludlow 1950 — Ibis 92, 39.
Ludlow 1951 — Ibis 93, 563.
Magrath 1912 — J. Bombay Nat. Hist. Soc. 21, 548.
Meinertzhagen 1927 — Ibis (12) 3, 418.
Osmaston 1926 — J. Bombay Nat. Hist. Soc. 31, 990.
Oustalet 1893 — Nouv. Arch. Mus. Nat. Paris 5 (4), 180–181.
Pleske 1890 — Wiss. Res. Przewalski Centr.-Asien. 2. Vögel. St.-Petersb. 115–118.
Pleske 1892 — Mél. Biol. 13/2, 288–289.
Rand u. Fleming 1957 — Fieldiana: Zool. 41/1, 164–165.
Riley 1926 — Proc. Unit. States Nat. Mus. 70, Art. 5, 45.
Riley 1931 — Proc. Unit. States Nat. Mus. 80, Art. 7, 63.
Ripley 1950 — J. Bombay Nat. Hist. Soc. 49, 400.
Rothschild 1923 — Novit. Zool. 30, 47.
Schäfer 1938 — J. Orn. 86 (SH), 245.
Schäfer u. Meyer de Schauensee 1939 — Proc. Acad. Nat. Sci. Philadelphia 40, 229.
Scully 1881 — Ibis (4) 5, 449.
Sharpe 1891 — Sec. Yarkand Mission. Aves. London. 77.
Standford u. Ticehurst 1938 — Ibis (14) 2, 422.
Stresemann 1923 — Abh. Ber. Tierk. Völkerk. Dresden 16/2, 15.
Stresemann et al. 1937 — J. Orn. 85, 531.
Stresemann u. Heinrich 1940 — Mitt. Zool. Mus. Berlin 24/2, 194.
Ticehurst 1938 — Genus *Phylloscopus*. London. 72–74.
Vaurie 1954 — Amer. Mus. Novit. 1685/9, 8.
Vaurie 1959 — Birds Palearct. Fauna. Passeriformes. London. 278–279.
Vaurie 1972 — Tibet and its Birds. London. 269.

Briefliche Auskunft erteilte J. Martens (Nepal).

Phylloscopus affinis (Tickell)

Himalaya-Laubsänger

Gliederung und Verwandtschaft

Monotypische Art. — Die bekannte Frage, ob *Ph. subaffinis* (Ogilvie-Grant) als „race" von *affinis* zu bewerten sei, scheint noch nicht völlig geklärt zu sein. Eingehende Untersuchungen über dieses Problem s. bei Ticehurst (1938) in „A Systematic Review of the Genus *Phylloscopus*" und bei Vaurie (1954, 1959).

Zur Verbreitung

Bedingt durch die Bindung an Hochgebirge ist das Gesamtareal von *Ph. affinis* in viele kleinere Arealteile zerfallen, kann aber dennoch als ein umgrenztes Ganzes wiedergegeben werden und erstreckt sich von Gilgit im Nordwesten, dem Himalaya-Bogen nach Osten folgend, über das tibetische Hochplateau, die Hochalpen des Likiang-Gebirges, Szechuan und dem Sikang-Gebirge bis zu den Gebirgsregionen, die den Kukunor umgeben.

Spezialkarte einer Darstellung der Überlappungszone von *Ph. affinis* und *subaffinis* bei *TICEHURST* (1938).

Oekologie

Phylloscopus affinis als typischer Hochgebirgsvogel bewohnt zur Brutzeit alpine Regionen zwischen ca. 2500–4800 m. Angaben über eine spezielle Anpassung an ein typisches Milieu, das seine Existenz absichert, liegen, soweit uns bekannt, nicht vor. Die Pflanzengesellschaften und geophysischen Eigenschaften der einzelnen Verbreitungsabschnitte sind somit recht heterogen. Der Kaschmir bewohnende Teil der Art hält sich zur Brutzeit in besonders großen Höhen auf, so daß er nach Überschreiten der Baumgrenze dort offene Wacholderbestände und mit zerstreutem Buschwerk, teils aus *Rhododendron*, bewachsene Berghänge und Täler besiedelt (Bates u. Lowther 1952). Ausgesprochen häufig vermerkte Osmaston (1926) ihn für Kashmir oberhalb der Baumgrenze ebenfalls in Vorkommen von Wacholder, Zwergrhododendron und -weiden und *Berberis*, sowie in *Caragana*-Sträuchern in Ladakh.

Dichter Stechginsterbewuchs, besonders an sanften Abhängen von Stromtälern, die dem Manasarowar-See benachbart sind (Ali 1946), *Rhamnus*-Dickichte der Parkanlagen von Lhasa (Ludlow 1950), Eichengebüsch und Bambuswälder in Nepal (Rand u. Fleming 1957), Sanddorn-Weidendickichte in Spiti (Koelz 1937) veranschaulichen die Vielfalt der sich herausgebildeten Habitate. Allerdings müssen Wasserstellen sowie ein Wechsel zwischen freiem und strauchbedecktem

Boden den Vögeln als Voraussetzung für ein Lebensoptimum zur Verfügung stehen. Die Brutperiode beginnt allgemein früh. RIPLEY (1950) fand in Nepal ein Männchen in „breeding condition" im zeitigen April, doch der Höhepunkt liegt in den Monaten Juni-Juli, so daß mancherorts bereits in der zweiten Juni-Woche die Eiablage erfolgte und in der ersten Juli-Woche eben geschlüpfte Jungvögel beobachtet werden konnten (ALI 1946).

Erste flügge Junge stellte DIESSELHORST (1968) im Khumbu-Gebiet am 29. 6. und 2. 7. fest, während ein Paar noch am 23. und 24. 7. mit dem Nestbau (Zweitbrut?) beschäftigt war. Nach Meinung von BATES u. LOWTHER (1952) ist hingegen in Kashmir das Brutgeschehen Mitte Juli abgeschlossen, da Ende des Monats schon flugfähige Junge beobachtet wurden und in der ersten August-Woche keine besetzten Nester mehr angetroffen worden sind. — Für Kimar und Umgebung (westliches Kukunor-Gebiet), wo *Phylloscopus affinis* ein ziemlich häufiger Brutvogel war, berichtete BEICK (STRESEMANN et al. 1937) von Nestfunden, datiert 17. 6., 26.6., 28. 6., 29. 6.; auch hier war die Ankunft der Altvögel schon im Mai erfolgt. Diese als Beispiele angeführten Termine lassen den Schluß zu, daß die Vögel also sofort nach dem Eintreffen in ihrem Übersommerungsgebiet mit dem Brutgeschäft beginnen. — Beide Eltern brüten und füttern die Jungen.

Das Nest, in Form eines Balles, besteht aus trockenem Gras, das durch weiche Federn, Haare oder Fell verbunden ist, oder fast ganz aus Moos (DIESSELHORST l. c.), es hat eine seitliche Öffnung und ist in der Regel wenig hoch über dem Erdboden im Gebüsch oder ausnahmsweise ganz nahe der Erde errichtet. Ein Nest aus Kimar, das in Wacholder gebaut war, erinnerte in seiner Konstruktion sehr an das der Beutelmeise (STRESEMANN et al. l. c.). — 4 bis 5 Eier sind die Regel im Vollgelege. Die Farbe der Eier ist reinweiß oder weiß, mit rostroten Tupfen an beiden Polen. Bekannt sind auch Gelege, in denen beide Farbtypen vorkommen.

Wanderungen

Sehr wetterharter Halbzugvogel, der bis Dezember in Batang gesichtet wurde (SCHÄFER 1938). Ab Anfang September setzten teils rege Zugbewegungen ein (STRESEMANN et al. 1937), die sich bis in den Oktober erstreckten. Zum Überwintern verblieben die Laubsänger entweder in tiefer gelegenen Teilen innerhalb ihres Brutgebietes (Sikkim, Bhutan, Szechuan), oder sie gelangten im Westen über die Südhänge des Himalaya und die angrenzenden Ebenen Nordwest-Indiens bis in den Süden des indischen Subkontinents: Trombay Hills 7. 3. (ALI u. ABDULALI 1937); Deccan bei Khandala (BUTLER 1880); Mysore: 19. 12. Nandidrug und Maklidrug; 20. 12. Biligirirangan Hills (ALI 1943); Nilghiris: Von Dezember bis April sehr zahlreich auf den Plateaus (DAVISON 1883); Travancore; Palni Hills bei Pulungu (ALI u. WHISTLER 1936). — Der Winterzug der östlichen Teilpopulation führt bis nach Südwest-Burma (Pegu; fide TICEHURST 1938). Bekannt sind u. a. Winterfunde aus den Mishmi Hills: Sadiya, zwischen 20. 11. und 15. 1. (ALI u. RIPLEY 1948); Nord-Burma: Myitkyina 11. 11. (STANFORD u. TICEHURST 1938); Mount Victoria, Kyundaw 28. 1. (STRESEMANN u. HEINRICH 1940).

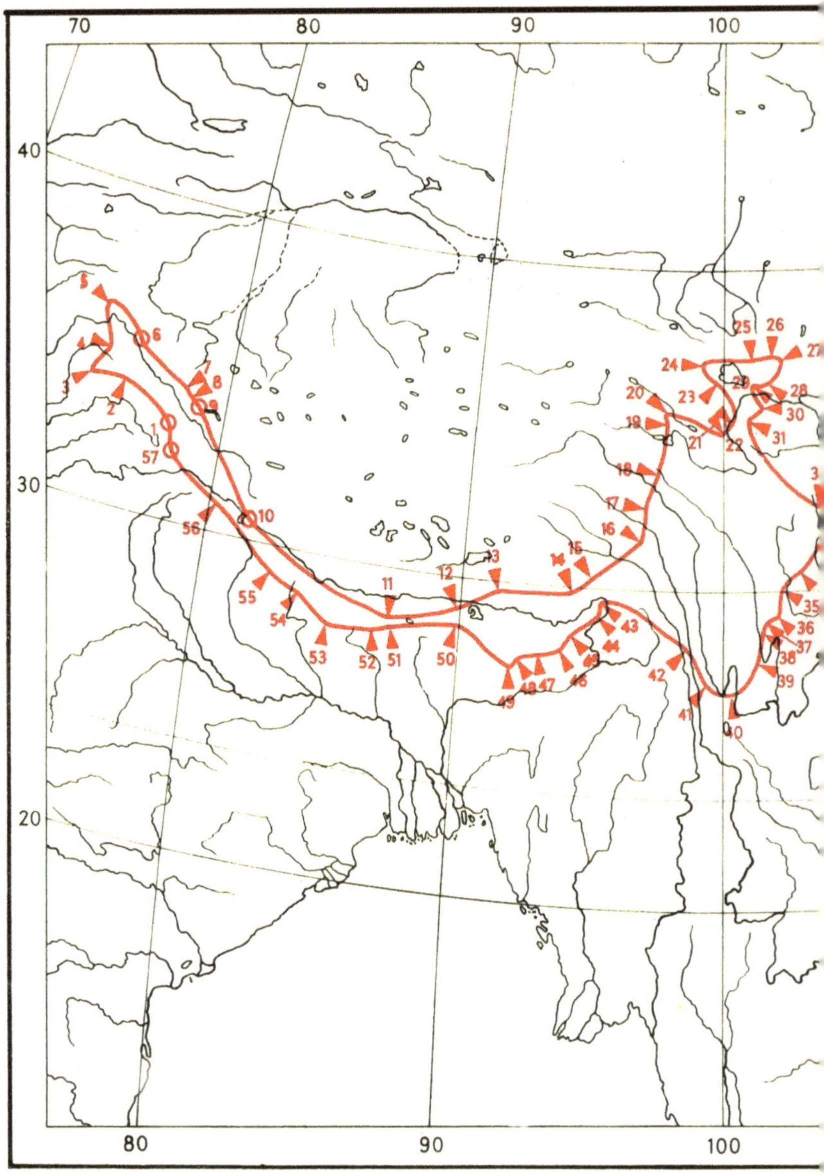

FUNDORTLISTE

1. Rupshu, Da	A	fide Vaurie 1972
2. Wakha Nallah	N	Ludlow 1920
– Kanital	Ac	Osmaston 1926
– zw. Suru u. Donara	Ac	Osmaston 1926
3. Killenmarg	N	Bates u. Lowther 1952
– Sehwas	A	Bates u. Lowther 1952
– Liddarwat	N	Bates 1924
	Ac	Magrath 1912
4. Burzil Chauk	Ac	Meinertzhagen 1927
– Tanin Zojpal	Ac	Bates u. Lowther 1952
5. Gilgit	Ac	Biddulph 1881
	B	Scully 1881
6. Baltistan, Deosai Plain	A	fide Vaurie 1972

7. Leh (28. VIII.)
– Tanksi (17. IX.)
8. Lukung (19. IX.)
– Chagra (21. IX.)
9. Pangkong-See
10. Umgebung Manasarowar-See
11. Nyenyam
12. Gyantse
13. Lhasa
– Kyi Chu-Ufer

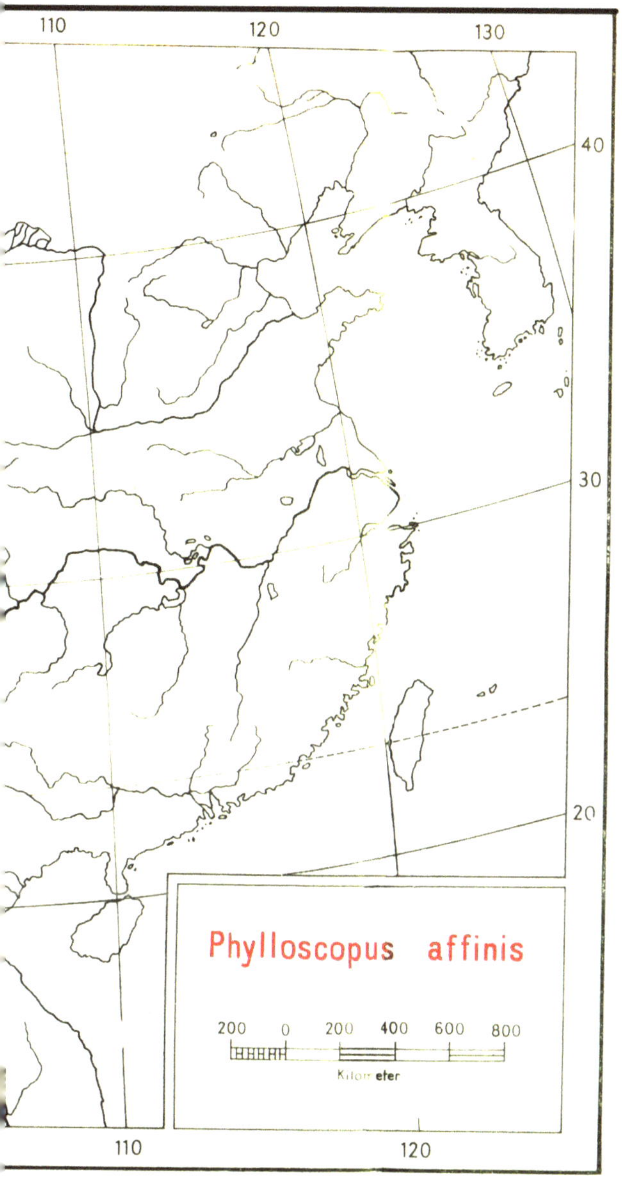

Sharpe 1891
Sharpe 1891
Sharpe 1891
Sharpe 1891
Meinertzhagen 1927

Ali 1946
Kinnear 1922
Bailey 1911
Ludlow 1928
Dresser 1906
Ludlow 1950
Ludlow 1950

14. Penam Chu Ac
15. Yigrong Range A
16. Routchi (= Riwutchi) A
— Kétchaka A
17. Jyekundo B

18. Lager 79 (Drechu Gompa) B
19. Amnenj-korj A
20. Nomochun (N-Hang Burchan-Budda-Gebirge) A
— Chatu J

21. Baga gorgi (Mitte IV.)	Bc	Pleske 1890
22. Sjan-si-bei	Bc	Pleske 1890
– Fluß Tschurmyn	Bc	Pleske 1890
23. Paß Zsagostenj-kotul	A	Bianchi 1907
24. Dulon-kit (19. IV.)		Pleske 1890
25. Mu-lu-ku-tse	N	Stresemann et al. 1937
26. Lau-hu-kou	NAc	Stresemann et al. 1937
27. Kimar	N	Stresemann et al. 1937
28. Yuo-shui-tsuan	N	Stresemann et al. 1937
29. Myn-dan-scha	AN	Pleske 1892
30. Mudshik	Bc	Pleske 1890
31. Dschachar	A	Deditius 1886
32. Sungpan	BJc	Stresemann 1923
33. Hsüeschan	B	Stresemann 1923
– Hwanglungsze	Bc	Stresemann 1923
34. Moupin	Aa	David u. Oustalet 1877
35. Tatsienlu	B	Schäfer 1938
36. Yulonghsi	A	Riley 1931
37. Wu-shi	A	Bangs 1932
38. Baurong	A	Bangs 1932
– Baurong Gomba	A	Bangs 1932
– Yong-Ko-Paß (IV.)		Bangs 1932
39. Ku lu (IV.)	A	Bangs 1932
40. Likiang-Gebirge (20. IV.–15. V.)	A	Riley 1926
41. Tao-mung-chung (SE Lutien)	A	Greenway 1933
42. Mekong-Salwin-Wasserscheide		Rothschild 1923
43. Gyala (7.–9. V.)	c	Ludlow 1951
44. Deyang	A	Ludlow 1944
45. Molo	A	Ludlow 1944
46. Langpe	A	Ludlow 1944
47. Chayul Dzong (22. IV.)		Ludlow 1944
48. Trimo (31. X.)		Ludlow 1944
49. Diwangiri (20. XI.)		Ludlow 1944
50. Khangma	Bc	Meinertzhagen 1927
51. Kharta	Ac	Kinnear 1922
52. Tongba	AN	Diesselhorst 1968
– Khumjung	AJ	Diesselhorst 1968
– Periche	A	Diesselhorst 1968
53. Pulchowk	As	Rand u. Fleming 1957
– Tal von Khatmandu: Thankote, Gokarna, Naggerjung	AB	Ripley 1950
54. Thaksang (Tukche)	A	Martens (brfl. 1982)
55. Distrikt Dolpo, Ringmo	A	Martens (brfl. 1982)
– Terang	A	Martens (brfl. 1982)
– Charka	A	Martens (brfl. 1982)
– Marpha	N	Martens (brfl. 1982)
56. Sarkia	NJ	Lavkumar 1955
57. Spiti: Losar (4. IX.), Rangrik, Shelgo	Aa	Koelz 1937

Ludlow 1951
Ludlow 1951
Oustalet 1893
Oustalet 1893
Schäfer u. Meyer de Schauensee 1939
Schäfer 1938
Bianchi 1907

Bianchi 1907
Bianchi 1907

LITERATUR

Ali 1943 — J. Bombay Nat. Hist. Soc. 40, 576.

Ali 1946 — J. Bombay Nat. Hist. Soc. 43, 299.

Ali u. Abdulali 1937 — J. Bombay Nat. Hist. Soc. 39, 682.

Ali u. Ripley 1948 — J. Bombay Nat. Hist. Soc. 48, 30.

Ali u. Whistler 1936 — J. Bombay Nat. Hist. Soc. 38, 492.

Bailey 1911 — J. Bombay Nat. Hist. Soc. 21, 184.

Bangs 1932 — Field Mus. Nat. Hist., Publ. 314, Zool. Ser., 18/11, 363.

Bates 1924 — J. Bombay Nat. Hist. Soc. 29, 950–951.

XIII

1986

Phylloscopus subviridis (Brooks)

bearbeitet von

E. v. VIETINGHOFF-SCHEEL

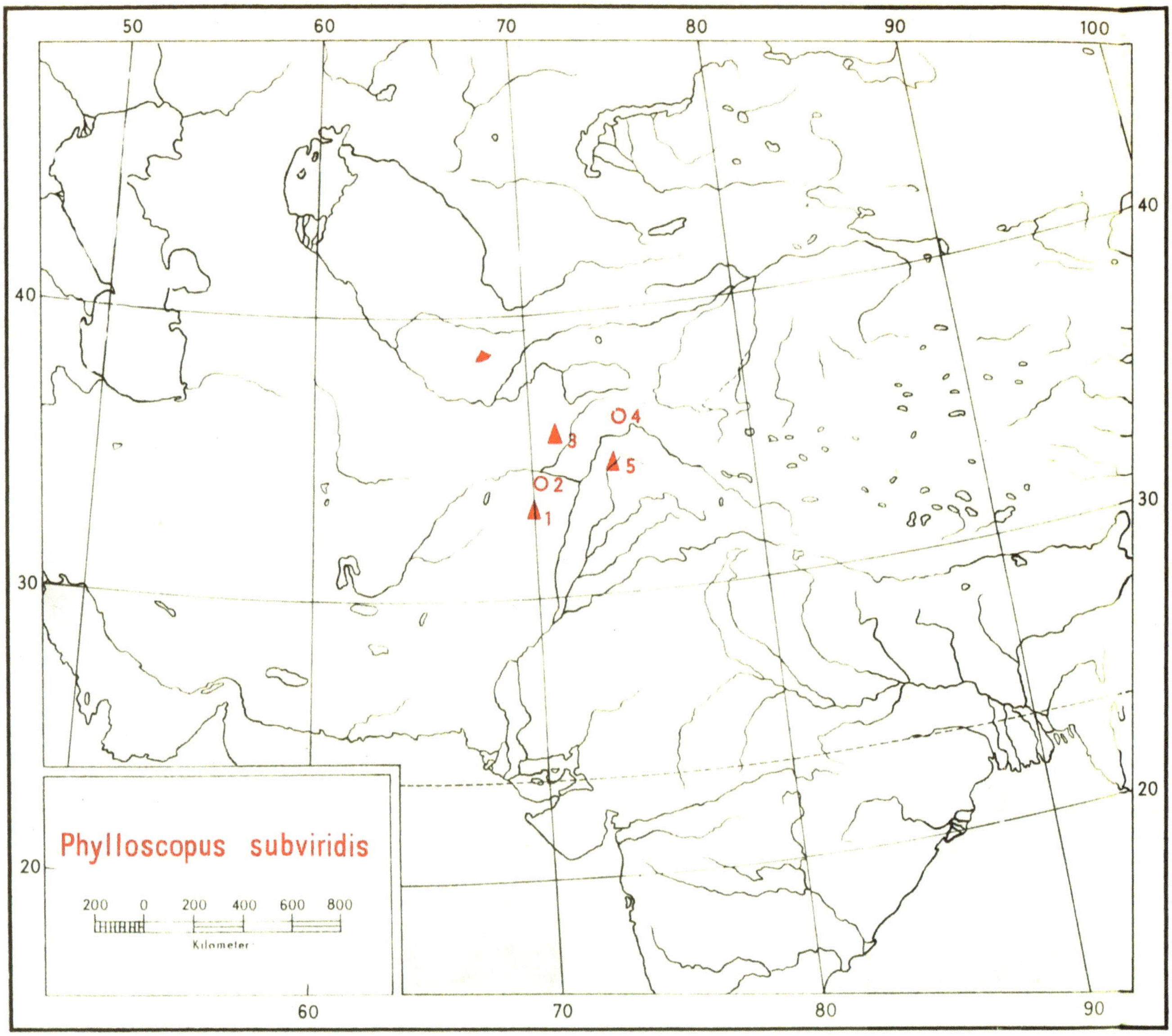

FUNDORTLISTE

1. Hariab-Tal	AcN	WARDLAW-RAMSAY 1880
2. Safed Koh	BN	WHITEHEAD 1909
3. Sensa	A	LÖHRL u. THIELCKE 1969
– Pashki	Bs	PALUDAN 1959
– Wama	A	PALUDAN 1959
4. Gilgit	AJc	BIDDULPH 1881
– Nulter-Tal	B	BIDDULPH 1881
5. Kaghan-Tal (Hazara District)	As	WHITEHEAD 1914

LITERATUR

ALI u. WHISTLER 1939	J. Bombay Nat. Hist. Soc. 41, 98.
BIDDULPH 1881	Ibis (4) 5, 66.
LÖHRL u. THIELCKE 1969	Bonn. Zool. Beitr. 20, 86–87.
PALUDAN 1959	Vidensk. Medd. Dansk nat. hist. Foren. 122, 230.
SCULLY 1881	Ibis (4) 5, 449.
TICEHURST 1938	Genus *Phylloscopus*. London. 109–112.
VAURIE 1959	Birds Palearct. Fauna. Passeriformes. London. 285.

Wardlaw-Ramsay 1880	Ibis (4) 4, 59.
Whistler 1922	Ibis (11) 4, 292.
Whistler 1930	Ibis (12) 6, 101.
Whistler u. Ticehurst 1916	Ibis (10) 4, 51.
Whitehead 1909	Ibis (9) 3, 124–125.
Whitehead 1914	J. Bombay Nat. Hist. Soc. 23, 104; 106.

Briefliche Auskunft erteilte S. Eck (Indien).

Phylloscopus subviridis (Brooks)

Goldbrauenlaubsänger

Diese monotypische Art, die im System zwischen *Ph. inornatus* (Brooks) und *Ph. proregulus* (Pallas) eingeordnet wird (Ticehurst 1938, Vaurie 1959), scheint bislang kaum erforscht zu sein. Die Aussagen über ökologische Probleme und Wanderungen sind ausgesprochen spärlich, so daß nicht auszuschließen ist, daß die von uns gezeigte Verbreitung aus Mangel an neueren Beobachtungsquellen in Wirklichkeit eine weitere oder auch schon kleinere Ausdehnung aufweist. Die wenigen uns bekannten Nachweise aus der Sommerperiode stammen aus der Nordwest-Frontier-Provinz (Whitehead 1909), aus dem nordöstlichen Afghanistan (Paludan 1959, Löhrl u. Thielcke 1969), aus Gilgit (Biddulph 1881) und aus dem Hazara District (Whitehead 1914). Nach Paludans (l. c.) Schilderung bewohnt *subviridis* in seinem Forschungsgebiet lichte Plätze in *Abies*- und *Picea*-Wäldern bis etwa 2800 m Höhe. — Im Safed Koh (Whitehead 1909) wurde am Ufer eines Nullah am 13. 7. ein von einem kleinen Busch bedecktes Nest gefunden, das 4 frische Eier enthielt. — Voll befiederte Jungvögel vom August stammen aus der Gegend von Gilgit (Biddulph 1881).

In die Überwinterungsgebiete ziehen die Goldbrauenlaubsänger ab der zweiten Septemberhälfte, vorerst in geringer Anzahl, bis etwa Anfang November, dann in großen Mengen. Von Oktober bis April hielten sie sich im Raum Kohat und Kurram auf (Whitehead 1909); vom Rawal Pindi-District, NW-Indien, sind Beobachtungen vom 25. 2. bekannt (Whistler 1930). Weitere Winterquartiere liegen im Jhelum-District (Whistler u. Ticehurst 1916) und dem Jhang-District (Whistler 1922), beide im Punjab, und u. a. in Zentral-Indien bei Gwalior (Ali u. Whistler 1939).

Exemplare im Mus. Tierk. Dresden (Eck brfl.): Sathi 31. 12. 1930 (Thalum-District); Rawalpindi (25. 2. 1911).

Die Rückkehr zu den Sommerplätzen erfolgt mancherorts offenbar im zeitigen Frühjahr. So berichtete Scully (1881) von der Ankunft in Gilgit am 19. 3., und Biddulph (1881) bezeichnete die Laubsänger sogar als „common" im März, April und Mai daselbst.

Anmerkungen

Zu P. 17. u. 18.:

Diese Fundorte sind – wie auch andere Stellen der Arealperipherie – mehr oder minder isolierte Außenposten. Überhaupt ist die Art mit ihrer Präferenz für kahle trockene Felsen in begrenzter Höhenlage auf sowjetischem Territorium ziemlich mosaikartig verbreitet. Insofern sind die Vorkommen hier am Ostende des Großen Kaukasus relativ schwierig mit denen im Kleinen Kaukasus per Grenzziehung zu koordinieren. Jedenfalls wird erst jenseits der felsenkleiberfreien Kura-Senke – also westlich und südlich des Sewan-Sees – die Abundanz größer. Die Verbreitungsgrenze zwischen P. 15 bzw. 16 und P. 19 zu ziehen, schiene deshalb auch vertretbar, bei Punkt-Dokumentierung der Vorkommen im Bozdag und um Schemacha.

LITERATUR

Adamjan 1965 Ornitologija 7, 157–164.

Aharoni 1931 Beitr. Fortpfl.-Biol. Vögel 7, 222.

Allouse 1957 Bull. Coll. Arts Sci. 2, 178.

Balát 1962 Acta Acad. Sci. Čsechoslov. Bas. Brun. 34, 460–461.

Bankowskij 1913 Izw. Kawkaz. mus. 7, 37–39.

Bauer, v. Helversen, Hodge u. Martens 1969 Cat. Faunae Graeciae. Aves. Thessaloniki. 136.

Bird 1937 Ibis 1 (14), 73.

Blanford 1876 Eastern Persia. London. 223–227.

Böhr 1962 Bonner zool. Beitr. 13, 90–91.

Boness 1959 Bonner zool. Beitr. 10, 391.

Buxton 1920 Bull. Brit. Orn. Cl. 40, 135.

Buxton 1921 J. Bombay Nat. Hist. Soc. 27, 860.

Dal 1954 Shiwotn. mir Arm. SSR. I. Pozwon. Erewan. 128, 254.

Dathe 1934 Zool. Garten (NF) 7, 113.

Dontschev 1970 Beitr. Vogelkd. 15, 393.

Ernst 1983 Beitr. Vogelkd. 29, 239.

Érard u. Etchécopar 1970 Mém. Mus. Nat. Hist. Paris 66, 109.

Fischer u. Fischer 1976 Beitr. Vogelkd. 22, 157.

Flach 1959 Fauna och Flora 5, 173.

Gambarow 1954 Trudy Inst. zool. Azerbajdsh. SSR 17, 92.

Géroudet 1964 Nos Oiseaux 27, 272–276.

Hauff 1981 Faun. Abh. Mus. Tierkd. Dresden 8,70.

Himmer 1967 Gef. Welt 91, 188–189.

Hüni 1982 Orn. Beob. 79, 222.

Jordania 1973 Beitr. Vogelkd. 19, 191.

von Jordans u. Steinbacher 1948 Senckenbergiana 28, 169.

Kattinger 1934 Verh. Orn. Ges. Bayern 20, 387.

Kattinger 1960 Larus 1958–1959 (XII.–XIII.), 154.

Kinzelbach 1969 Bonner zool. Beitr. 20, 179.

von Knorre 1971 Beitr. Vogelkd. 17, 445.

Kolbe 1962 Beitr. Vogelkd. 8, 136.

Krpan 1957 Larus 1955–1956 (IX.–X.), 137.

Krpan 1980 Larus 31–32 (1978/80), 144–145.

Kumerloeve 1961 Bonner zool. Beitr. 12, Sh. 78–79.

Kumerloeve 1962 Iraq Nat. Hist. Mus. Publ. 20/21, 18.

Kumerloeve 1967 Rev. Fac. Sci. Univ. d'Istanbul 32, 113–114.

Kumerloeve 1969 Alauda 37, 129–130.

Kummerlöwe u. Niethammer 1934 J. Orn. 82, 547–548.

Ljajster u. Sosnin 1942 Mat. ornitofaune Arm. SSR. Erewan. 3, 303–306.

Laubmann 1915 Orn. Jb. 26, 32–33.

Löhrl 1965 J. Orn. 106, 459.

Löhrl 1967 D. Kleiber Europas. D. Neue Brehm-Bücherei 196. Wittenberg Lutherstadt. 87–111.

Lynes 1912 Ibis 9 (6), 143–144.

Makatsch 1963 Zool. Abh. Ber. Mus. Tierkd. Dresden 26, 176–178.

Matvejev 1976 Conspectus Avifaunae Balcanicae I. Serb. Acad. Sci. Arts. Monogr. 46, 206–207.

Meinertzhagen 1935 Ibis 5 (13), 129.

Moore u. Boswell 1956 Iraq Nat. Hist. Mus. Publ. 10, 173–174.

Niethammer 1943 J. Orn. 91, 205.

Paludan 1938 J. Orn. 86, 601–602.

Paspaleva-Antonova 1965 Mitt. Zool. Inst. mit Mus. Sofia 19, 34.

Peus 1954 Bonner zool. Beitr., Sbd. I, 19–22.

Radde 1884 Ornit. fauna Kawkaza. 237–238.

Reiser 1894 Ornis Balcanica 2. Wien. 62–63.

Reiser 1905 Ornis Balcanica 3. Wien. 179–185.

Reiser 1939 Ornis Balcanica 1. Wien. 74–75.

Roháček 1915 Orn. Ob. 26, 130–136.

Rössner 1935 Sitz.-Ber. Akad. Wiss. Wien 144, 303.

Rokitansky 1961 Vogelwelt 82, 28–29.

Rućner 1954 Larus 1952–1953 (VI.-VII.), 87, 127.

Rucner 1963 J. Orn. 104, 58–61.

Rucner 1967 Falke 14, 298.

Rućner 1970 Larus 1967–1968 (XXI.-XXII.), 106, 113.

Sarudny u. Härms 1923 J. Orn. 71, 406–418.

Shordanija 1962 Ornitofauna Mal. Kawkaza. Tbilisi. 215–216.

Smith 1960 Ibis 102, 583.

Sonnenschein 1980 Vogelwelt 101, 186.

Stepanjan 1978 Sborn. trud. Zool. mus. Mosk. uniw. 17, 40.

Steinfatt 1954 J. Orn. 95, 251.

Stresemann 1920 Avifauna Macedonica. München. 91–93.

Stresemann 1925 Orn. Mber. 33, 106–109.

Stresemann 1928 J. Orn. 76, 365–366.

Stresemann 1942 Orn. Mber. 50, 40.

Ticehurst, Cox u. Cheesmann 1926 J. Bombay Nat. Hist. Soc. 31, 98.

Ticehurst u. Whistler 1932 Ibis 2 (13), 55.

Tutman 1959 Larus 1957 (XI.), 97.

Vader 1965 Ardea 53, 180.

Vatev u. Simeonov 1978 Bjul. Orn. Zentr. Inst. zool. Bulg. AdW 4.

Vaurie 1950 Amer. Mus. Novit. 1472, 13–19, 25–29.

Vaurie 1959 Birds palearct. Fauna. Passeriformes. London. 530–532.

Vere Benson, Irving, McDowell, Higginbottom u. Lind 1962 Larus 60 (XIV.), 191.

Warncke 1964 Vogelwelt 85, 169.

Watson 1964 Diss. Yale (fide Bauer et. al. 1969)

Winogradow, Tschernjawskaja 1965 Trudy zapow. Azerbajdshana 1, 250.

Briefliche Auskunft gaben Robel (Bulgarien), Baumgart (Syrien).

Sitta neumayer Michahelles

Felsenkleiber

Gliederung

Den Werdegang der Felsenkleiber-Klassifikation hat STRESEMANN (1925) nachgezeichnet, vgl. dort.
Subspezifisch werden unterschieden (siehe VAURIE 1959):

S. n. neumayer Michahelles in SE-Europa von Norddalmatien nach Süden bis Mazedonien, Bulgarien und Griechenland.

S. n. syriaca Temminck — kleiner als die Nominatform, etwa fahler und matter in der Farbgebung. In Kleinasien, südwärts bis Syrien, Libanon und Nord-Palästina. Ein Klin abnehmender Größe und wahrscheinlich auch Färbung verläuft von Europa nach E durch die westliche Türkei.

S. n. rupicola Blanford — der Nominatform ähnlich, jedoch blasser, oberseits blauer als *syriaca*, unterseits allerdings fahler als diese, etwa gleich groß, mit geringfügig schwächerem Schnabel. Auf sowjetischem Territorium bewohnt sie die Berge des Kleinen Kaukasus (eines Teils von Georgien, ganz Armeniens, teilweise Aserbaidshans) nordwärts bis zu den ariden Felsfluren des Südabfalls vom Großen Kaukasus. Ostwärts geht sie durch Aserbaidshan, den Nordiran, Elburs bis etwa zur Gurgan-Region, nach Süden bis in den Raum Qum und an den SW-Rand der Großen Salzwüste (Kewir). Im Westen Übergang zu *S. n. tschitscherini* (siehe unten) entlang einer ungefähren Linie von Sanjbulagh nach Kermannshah.

S. n. tschitscherini Zarudny — wie *rupicola*, nur (besonders oberseits) noch blasser, meistens weißlich grau. Der schwarze Augenstreif ist auffallend reduziert, bei manchen Exemplaren fast rudimentär, Schnabel noch dünner. Tritt auf im irakischen Kurdistan, in W-, SW- und S-Iran. Geht im Zagros nach Osten bis Fars (Raum Niriz). Bewohnt auch den westlichen Zentraliran (S Qum, Kashan, Ardistan, Isfahan, Anarak-Massiv).

S. n. plumbea Koelz — ähnelt in der starken Reduzierung des Augenstreifs *tschitscherini*, ist aber oberseits dunkler (kommt *rupicola* etwas nahe), wenn auch stumpfer. Hebt sich klar von allen anderen Subspecies durch aschfarbene Kehle und Brust ab; diese weder weiß noch sahnig weiß. Ihr Vorkommen ist anscheinend auf die Berge des südlichen Kirman beschränkt.

Das Entstehungszentrum der Art ist im ostmediterranen Raum zu vermuten. Nach NW ist sie bis ins kroatische Küstenland vorgedrungen (vgl. RUCNER 1963, auch d. Spezialkarte p. 59, und bei MATVEJEV 1976, p. 207). Dies ist im Westen längs der Karstlandschaften der montenegrinischen Küste, der westlichen Herzegowina und im schmalen Streifen die Adria-Küste entlang geschehen. Die Ausbreitung ins mittlere Jugoslawien wurde durch die Gebirge Montenegros und Bosniens gehemmt, wo für diese mediterrane Art ungünstige Bedingungen herrschen (RUCNER 1963). In Bulgarien vor allem im Südwesten und mittleren Süden des Landes. Scheint im Großraum Istanbul völlig zu fehlen; zumindest war allen verfügbaren Quellen nichts Gegenteiliges zu entnehmen. Bewohnt nach KUMERLOEVE (1961) zweifellos geschlossen ganz Süd- und Westanatolien und ist auch im nordanatolischen Bergland weithin heimisch.

Was den Status in Syrien angeht, so hält BAUMGART (brfl. 1982) eine Ausbreitung längs der Wüstengebirge bis in den Raum Palmyra für denkbar — was in den diese Stadt umgebenden Felsen aber noch nicht bestätigt werden konnte. Das Hermon-Massiv wird sehr wahrscheinlich komplett besiedelt.

Auf sowjetischem Gebiet reichen die Brutvorkommen bis auf die Südabdachung des östlichen Großen Kaukasus. Östlich des Südkaspi verlieren sie sich um 57° E. Die SE-Peripherie der Gesamtverbreitung (ebenfalls bis 57° E) scheint lediglich inselartig (*S. n. plumbea* von Guragan nach Westen) und ist gegen *S. n. tschitscherini* in Fars durch eine Lücke von etwa 200 km getrennt (vgl. auch VAURIE 1950, Karte p. 14).

Die gegenwärtigen Areale von *S. neumayer* und ihres Verwandten *S. tephronota* (Großer Felsenkleiber, Klippenkleiber) legen den Verdacht nahe, daß beide ursprünglich geographisch voneinander isoliert waren und sekundär zusammengekommen sind. *S. neumayer* ist als westliche Art ostwärts verbreitet, die östliche *S. tephronota* nach Westen. Im Iran und noch westlich und nordwestlich von ihm überlappen sich die Vorkommensräume in großer Tiefe (vgl. einschlägige Karten bei VAURIE 1950, p. 14, u. 1951, p. 164).

Weitere Spezialkarte der Verbreitung bei DONTSCHEV 1970 (Bulgarien).

Oekologie

Die Welt dieses typischen Mediterranvogels sind von Waldaufwuchs mehr oder minder entblößte Felspartien wechselnder Höhe und Beschaffenheit, nicht zu weit von Wasser. Im klimatisch relativ weniger begünstigten Nordareal (mit entsprechend kleinerem Nahrungsangebot) zieht er meist weitläufige Felslandschaften vor. In südlichen Gefilden wählt er ebenso sich aus flachem Hügelland heraushebende, vergleichsweise kleine Felsgruppen oder -schroffen. Von derartigen „Felsblockpopulationen", deren Nester dann vom Boden aus unschwer zu erreichen sind, berichten viele Autoren.

MÜLLER (zit. von STRESEMANN 1920) typisiert: „Der Felsenkleiber ist ein äußerst lebhafter Vogel und fortwährend in Bewegung — bald fliegend, bald die Felsritzen nach Nahrung absuchend, bald auf einem Felsen sitzend und sich verbeugend und wippend." HIMMER (1967) charakterisierte Elburs-Vögel: „Während der Brutzeit ist der Kleiber einer der scheuesten und mißtrauischsten Vögel des Gebirges. In der Nähe des Nestes beschränkt er seine Lautäußerungen auf ein Minimum und

XIII

1986

Sitta neumayer Michahelles

bearbeitet von

K. WUNDERLICH

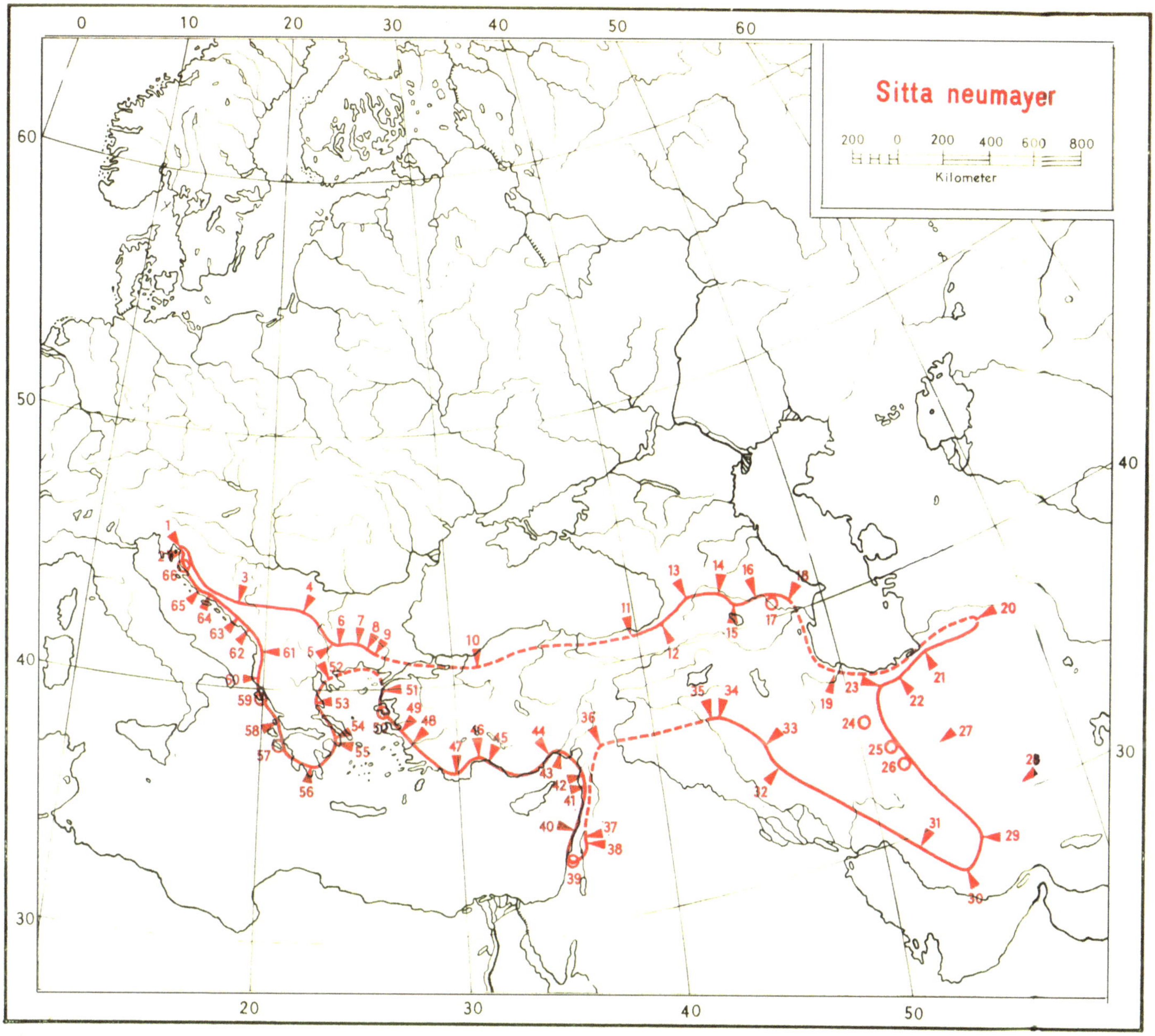

FUNDORTLISTE

Nr.	Fundort		Quelle
1.	Vinodol hinter Crikvenica	B	Löhrl 1967
–	Küste S Povile	BN	Löhrl 1967
2.	S Senj	Bc	Löhrl 1967
–	5 km NE Prizna	N	Géroudet 1964
3.	zw. Sarajevo u. Mostar	N	Reiser 1939
–	Bijelašnica planina	AN	Reiser 1939
–	unteres Neretva-Tal	AB	Rućner 1954
–	Umgebung von Raba u. Klek	Bc	Rućner 1970
4.	bei Nis	B	Géroudet 1964
5.	Redzepskite ezera (Rila-Gebirge)	A	Paspaleva-Antonova 1965
–	bei Kresna (Umgebung Blagoevgrad)	N	Balát 1962
–	südl. Kresna-Schlucht	B	Vatev u. Simeonov 1978
6.	bei Hrabino (Rhodopen-N-Rand, 8. u. 9. X.)		Hauff 1981
–	bei Čepelare (1. VII.)		Reiser 1894

Nr.	Fundort		Quelle
7.	S Asenovgrad (14. IX.)		Balát 1962
8.	6 km E Kardshali (27. IX.)		Robel brfl. 1982
9.	Gorna Kula (Krumovgrad)	A	Dontschev 1970
–	Nordseite Stauwerk Stuaden kladenec	N	Ernst 1983
10.	bei Bolu	c	Rössner 1935
11.	Trebizond (= Trabzon)	B	Smith 1960
12.	Çoruh	A	Kumerloeve 1967
13.	Abastumani	A	Shordanija 1962
14.	Umgebung von Tbilisi	A	Radde 1884, Shordanija 1962
–	Dabachanki-Schlucht	B	Bankowskij 1913
–	Ruine d. Kreuzkirche	A	Fischer u. Fischer 1976
–	Schlucht beim Botanischen Garten	AJ	von Knorre 1971
15.	Westl. Vašlovansker NSG (120 km SE Tbilisi)	A	Jordania 1973
16.	Schiraki (18. III.)		Jordania 1973
17.	Gebirge Bozdag, Bassin des Turiangaj ↓	B	Winogradow, Tschernjawskaja 1965
18.	Umgebung von Schemacha ↓	A	Gambarow 1954
19.	S Mendjil (= Manjil)	A	Buxton 1920
–	Rustem-Abad	A	Sarudny u. Härms 1923
20.	Bodnoord	A	Érard u. Etchécopar 1970
21.	Raum Astarabad (= Gorgan)	A	Stresemann 1928
–	Shah Kuh (VIII.)		Vaurie 1950
22.	Umkreis d. Dorfes Bart	AJc	Stresemann 1928
23.	am Araku (ca. 50 km E Teheran)	BNJ	Himmer 1967
24.	Region Qum (= Qom = Gom)	A	Vaurie 1959
25.	Region Kashan	A	Vaurie 1959
26.	Raum Adristan	A	Vaurie 1959
27.	Anarak-Massiv	A	Vaurie 1959
28.	Guragan (Kirman)	A	Vaurie 1950
29.	Niriz	A	Blanfrod 1876
30.	Jahrum	A	Vaurie 1950
31.	bei Parpá (E Shiráz)	A	Blanford 1876
–	Shiráz	A	Blanford 1876
–	Persepolis	A	Vaurie 1950
32.	Quasr-i-Shirin (W Kermanshah)	A	Buxton 1921
33.	Choarta (= Chwarta, 14. VIII.)		Moore u. Boswell 1956
34.	Sulaf Gorge nahe Amadia	A	Moore u. Boswell 1956
–	Bedaidi	AN	Moore u. Boswell 1956
–	Simawa (Aqra)	A	Allouse 1957
35.	Dohuk	c	Ticehurst et al. 1926
–	Tang-i-Dorg	c	Ticehurst et al. 1926
36.	W Gaziantep	BNJc	Warncke 1964
–	zw. Fevzi Pasha u. Gaziantep	A	Bird 1937
37.	Anti-Libanon	A	Kumerloeve 1969
–	bei Messaloun	A	Meinertzhagen 1935
38.	Jabal Kassioun	N	Baumgart brfl. 1982
–	Felsen d. Barada-Tals bis Takiye	A	Baumgart brfl. 1982
–	Umgebung d. Byzantinerburg Burgush (N-Ausläufer d. Hermon-Massivs NW Qatana)	A	Baumgart brfl. 1982
–	beim Christendorf Maalula Osthänge d. Anti-Libanon)	A	Baumgart brfl. 1982
39.	Nordpalästina	A	Vaurie 1959
40.	gebirgiger Libanon	Ba	Aharoni 1931
–	E Kousba (Damour, 12. XI.)		Flach 1959
–	Felsen d. Nahr-el-Kalb-Tals	A	Kumerloeve 1962
41.	an Salah-ad' Dins Burg (zw. Haffe = Babena u. Slenfe)	A	Baumgart brfl. 1982
42.	S Yayladagí (= Ordu)	A	Kumerloeve 1969
43.	Tarsus	A	Kumerloeve 1961
44.	Zebil (Bolgar Daǧí, 13. u. 15. I.)		Kumerloeve 1961
–	bei Uzunçaburç	BN	Hüni 1982
45.	bei Manavgat	A	Kumerloeve 1961
46.	altes Amphitheater von Aspendos (ca. 50 km ENE Antalya)	A	Vader 1965
47.	Avlan Gölü	AcN	Vader 1965
–	bei Ehnali	A	von Jordans u. Steinbacher 1948
48.	Aidin (10. II.)		Coll. Zool. Mus. Berlin
49.	Smyrna (= Izmir)	A	Coll. Zool. Mus. Berlin
50.	Lesbos	B	Lynes 1912, Watson 1964, Löhrl 1965, Sonnenschein 1980
51.	Çanak (= Cannakale, 12. XI.)		Kumerloeve 1961
52.	oberhalb d. Klosters Agia Anastasia	AN	Makatsch 1950, Ganso 1962
53.	Südrand Karla-See	BNJ	Makatsch 1963
54.	Parnesberge („Rabenschlucht“ u. „Adlerschlucht“)	BNJ	Stresemann 1942, Steinfatt 1954
55.	Hymettos	A	Niethammer 1943
56.	bei Sparti	A	Kinzelbach 1969
–	Mistras	A	Kinzelbach 1969
57.	Sakinthos (= Zákinthos)	B	Reiser 1905
58.	Lefkas (= Levkas)	B	Green in litt. fide Bauer et al. 1969
–	Meganisi	B	Laubmann 1915
–	Kalamos	B	Laubmann 1915
59.	Korfu	B	Boness 1959, Böhr 1962
60.	Osthänge d. Bucht von Dukatit (= Valona)	A	Kattinger 1960
61.	Kruje (VI./VII.)		Kolbe 1962
62.	N San Stefano, S Budva	Ac	Ticehurst u. Whistler 1932, Kattinger 1960
–	Cattaro (5. II.)		Coll. Zool. Mus. Berlin
–	oberhalb Kotors (IX.)		Dathe 1934
–	Dubrovnik	A	Vere Benson et al. 1962
63.	Berggebiet des Gradac unweit Čajkoviči	A	Tutman 1959
64.	Omiš	BNa	Löhrl 1967
65.	Raum Mosor-Gebirge	B	Krpan 1957, Krpan 1980
–	25. IX.		Dathe 1934
66.	Velebit-Massiv	B	Rucner 1967

geht nur mit größter Vorsicht zu Nest. Sind aber die Jungen erst beflogen, dann hallt das ganze Gebirge wider von den mannigfaltigen Rufen dieser munteren Vögel." Andererseits dokumentierte BÖHR (1962) für Korfu Nestbau im „offenen, überdachten Vorraum eines einzelnen Hauses am Fuß des Pantokrator; es (das Brutpaar — K. W.) hatte dort einen Spalt über der Tür in Form eines flachen Dreiecks mit seinem Nest ausgefüllt und ließ sich von den Bewohnern des Hauses, griechisch-orthodoxen Priesteranwärtern, durchaus nicht stören" (l. c.).

August-Vögel sind in Bulgarien in 2064 m Höhe (Pirin) und auf 2200 m (mittleres Rila-Gebirge) beobachtet worden. BÖHR (1962) stellte auf Korfu Felsenkleiber ganzjährig von 50—300 m Höhe fest. „Für den Brutplatz scheinen ihm bereits Felsschroffen zu genügen, die ca. 8—10 m kahl aus dem *Quercus-coccifera*-Gestrüpp emporragen" (l. c.).

Beim Aufstieg zum Parnas (Attika) begegnete ihm STRESEMANN (1942) in tiefer, breiter, gewundener Felsschlucht (graues Kalkgestein), mit vielem Buschwerk in der Sohle und an den Absätzen der Felsschroffen. KATTINGER (1934) notierte als Habitat die östliche Bucht von Itea (Nordgriechenland), wo „graue Kalkfelsen abwechseln mit größeren Flächen Roterde, die großenteils mit Macchia bestanden sind (*Juniperus*, *Euphorbia dendroides*, Ginster)". PEUS (1954) fand ihn in Griechenland, anders als den Baumkleiber, auf tiefere Lagen beschränkt (am Oiti-Gebirge bis 600 m, nahe dem Stymphalischen See 900 m hoch). KUMMERLÖWE und NIETHAMMER (1934) registrierten ihn auf ihrer Paphlagonien-Reise an aufgetürmten und kleineren Felsmassen. „Und oft bieten die tief eingegrabenen wasserarmen Flußtäler wildromantische Felsszenerien dar ... In den geschlossenen Hochwaldungen fehlte die Art, ebenso auch über der Baumgrenze und an manchen dicht überwucherten Felshängen" (l. c.).

Für das gesamte Nordost- und Ostkleinasien bestätigte ihn KUMERLOEVE (1967) an nicht zu stark bewachsenen Felswänden und Steilhängen bis um 2500 m hoch, gelegentlich noch höher — in der Nemrut-Gipfelregion bis um 3000 m. Bei Gewässern anstehende Schroffen schienen besonders gern besiedelt zu werden. Für Süd- und Westanatolien (1961): „Fehlt eigentlich nur auf flächigem Gelände, auf Feldern, in Obstkulturen, Siedlungen und im geschlossenen Nadelwald. Am ehesten (HOLLOM traf ihn vom Küstensaum bis fast zur Schneegrenze) zwischen 600/700 m und 1500 m heimisch" (l. c.).

In Syrien ist *S. neumayer* auf mittlere und Hochlagen beschränkt. Infolgedessen stammen die meisten Nachweise zur Brutzeit aus dem Anti-Libanon (vgl. KUMERLOEVE 1969).

Auf sowjetischem Gebiet werden trockene steinige Bergabhänge mit spärlichem Strauchwerk und einzelnen Bäumen besiedelt, in Höhen zwischen 400—600 m (Bozdag) und 2600 m im Zangezurskij Gebirge. An passenden Örtlichkeiten ist der Vogel in vielen Rayons des Kleinen Kaukasus überaus gewöhnlich. Typische Beobachtungsorte sind Felsen und Steilabfälle, Grobschuttfelder und Blockhalden im Bereich der Vorberge und Mittelgebirge. Brut auch in Steinbauten verlassener Ansiedlungen und in Ruinen bemerkt (vgl. STEPANJAN 1978).

In den felsigen Partien des Hochgebirges von Gorgan (= Astarabad) beobachtete ihn HEINRICH (fide STRESEMANN 1928) von etwa 1800 m an aufwärts. „Im allgemeinen trifft man diese Vögel an den Felswänden umherkletternd und fliegend. Zuweilen sah ich sie auch in den Sträuchern der Talsohle oder auch an den Lehmwänden einer Ortschaft nach Nahrung suchend ... " (l. c.).

PALUDAN (1938) fand im Zagros einen Brutort an einer Stelle, „wo ein kleiner Bach durch eine Enge mit nackten senkrechten Felsenwänden strömte. Auf einer von diesen war das ganz Retorten-förmige Nest gebaut ..." (l. c.).

Zu Fortpflanzungsgeschehen und -terminen, Nest und Nestbau, Gelege, Jungenentwicklung, Lautäußerungen, Nahrungsspektrum usw. existiert reiche, teils minutiöse Literatur überwiegend neueren Datums, die Darstellung in unserem Rahmen überflüssig macht; vgl. u. a. bei ROHÁČEK 1915, STRESEMANN 1920, SARUDNY u. HÄRMS 1923, AHARONI 1931, LJAJSTER u. SOSNIN 1942, DAL 1954, ROKITANSKY 1961, BÖHR 1962, MAKATSCH 1963, RUCNER 1963, ADAMJAN 1965, HIMMER 1967, LÖHRL 1967.

Wanderungen

Wenig bekannt. Vielerorts wohl Standvogel. Nur gelegentlich ist bei strenger winterlicher Witterung (hoher Schneelage) Ausweichen aus höheren Montan- in mildere Vorgebirgs- und Tallagen bemerkt worden. Dann mitunter in Gärten und Wäldern angetroffen. Die Vögel verblieben dennoch in Gebirgsnähe und streiften zurück, sobald Wetterbesserung eintrat.

Stanford u. Ticehurst 1938 Ibis (14) 2, 612–613.
Stevens 1925 J. Bombay Nat. Hist. Soc. 30, 367.
Stresemann u. Heinrich 1940 Mitt. Zool. Mus. Berlin 24, 152; 170.
Vaurie 1949 Amer. Mus. Novit. 1424, 61.
Vaurie 1956 Amer. Mus. Novit. 1788, 22.
Whistler 1923 J. Bombay Nat. Hist. Soc. 29, 150–153.
Whistler 1926a J. Bombay Nat. Hist. Soc. 31, 471.
Whistler 1926b Ibis (12) 2, 725.
Whistler 1930 Ibis (12) 6, 107.

Mycerobas melanozanthos (Hodgson)

Fleckenkernbeißer

Verwandtschaft und Gliederung

Nächst verwandt mit *M. carnipes* (Vigors), obwohl sich beide Arten in mehreren Merkmalen wesentlich unterscheiden. Ausführliches über die Gattungs-Systematik der Kernbeißer im Kartentext zu *M. carnipes*.

Die noch unzureichend untersuchte Biologie dieser Art erlaubt nicht, anhand einiger unbedeutender Unterschiede in Färbung und Ausmaßen die Abtrennung der in Nord-Thailand lebenden Vögel als selbständige Unterarten *M. m. fratisregis* nach Deignan (1943) oder die in Assam als *M. m. ossifragus* und *M. m. pangpui* nach Koelz (1954) vorzunehmen. In jedem der Fälle kann Vaurie (1956), der das Material speziell untersuchte, jedoch die Validität der erwähnten Unterarten nicht bestätigen und bezeichnet die Art als monotypisch.

Zur Verbreitung

M. melanozanthos ist in der Zone der montanen Nadel- und Mischwälder, der subtropischen Zone des Himalaya, nach Osten von der Indus-Ebene (Hazara-Pakistan) bis Bhutan und dem benachbarten Südost-Tibet, nach Norden bis zum Bramaputra verbreitet, weiterhin in den chinesisch-tibetischen Gebirgen, nach Nordosten bis zur Umgebung von Wa-su-kou in Szechuan. Nach Süden erstreckt sich das Areal durch das westliche Yünnan-Hochland in die angrenzenden Gebirgszüge des Indochinesischen Systems, wo entsprechend hohe Zonen vorhanden sind in Abhängigkeit von der Lage der Hänge, mit Kiefern- oder immergrünen Tropenwäldern, wie die Gebirge Ost-Indo-Chinas und das Shan-Gebirge, südlich bis Doi Hua Mot und Doi Suteph in Thailand; das Arakan-Faltengebirge (Chin-Hills, Patkai) und schließlich das Assam-Plateau südlich des Bramaputra. Im himalayanisch-chinesischen Teil überdeckt das Areal völlig das von *M. affinis*, so daß *M. melanozanthos* und *M. icteroides* im Himalaya mit ihm sympatrisch ist; im ganzen aber ist der Höhenbereich, der vom *M. melanozanthos* besiedelt wird (s. Abschnitt Oekologie), noch umfangreicher.
Spezialkarte bei Cheng (1976) für China.

Oekologie

Im Himalaya ist *M. melanozanthos* zur Brutzeit in Höhen von 2438–3657 zu finden (Skinner 1908, Ludlow u. Kinnear 1937), in den sino-tibetischen Gebirgen und im Yünnan-Hochland etwas höher bei 3048–4267 m (Riley 1926, 1931, Greenway 1933, Stanford u. Ticehurst 1938) und geht dort in die Strauchzone über. In Burma siedelt er in geringeren Höhen bei 1700–2500 (Bingham 1903, Stresemann u. Heinrich 1940) im immergrünen Wald; in Nord-Thailand fand man ihn im Sommer zwischen 1615 und 1676 m sowohl zwischen Nadelbäumen als auch in „berry-bearing trees" (Deignan 1941). Der im größten Teil des Areals dominierende Brutbiotop ist Nadelwald aus *Abies webbiana* (= *spectabilis*) und *Pinus longifolia* (= *roxburghii*), teils untermischt mit *Quercus, Betula, Prunus, Acer* usw.

Zur Brut schreiten die ersten Exemplare früh. Am 8. Mai wurde ein Nest mit 2 Eiern in den Naga Hills (Assam) gefunden (Baker 1934). Wie bei vielen anderen Vogelarten wird die Dauer des Brutprozesses durch Paare mit unterschiedlichem Brutbeginn gekennzeichnet: Im Himalaya bei Murree am 22. 6. ein Gelege mit 3 frischen Eiern (Skinner 1908), etwas östlicher davon, bei Kulu, am 6. 6. ein Paar, das sich, nach den Geschlechtsorganen zu urteilen, im Brutzustand befand (Whistler 1926a). In Yünnan, in den Bergen nördlich von Likiang, wurden im Juni und Juli Junge angetroffen (Rothschild 1926, Riley 1926). Beschreibungen der Nester sind von Skinner (1908) und Baker (1934) gemacht worden. Ein Nest aus den Murree Hills war in einem *Taxus* in 4,5 m Höhe am Ende eines Zweiges gebaut; ein anderes stammt von den Naga Hills aus einer Kiefer. Beide waren tassenförmig, die Grundfläche aus Zweigchen (im ersteren von *Abies spectabilis*), doch hauptsächlich aus Moos und Gräsern. Als unterste Lage dienten zarte Würzelchen und Stengelchen von *Adiantum*.

Das Gelege besteht aus 2–3 Eiern, „very pale grey-green, very feebly marked at the larger end with a ring of pale grey-brown and reddish freckels, inside the ring are a few more of the same markings, but else where the eggs are immaculate" (Baker 1934).

Eimaße zweier Gelege:

1. 27,4 × 20,2 26,2 × 21,3 26,2 × 20,2 mm (SKINNER 1908)

2. 30,1 × 20,3 30,0 × 20,9 (BAKER 1934)

M. melanozanthos besitzt die mächtigsten Schnäbel von allen Kernbeißern und ist somit in der Lage, die festen Samenschalen von Steinfrüchten zu zerspalten. HEINRICH (STRESEMANN u. HEINRICH 1940) traf am Mt. Victoria (Burma) diese Kernbeißer im Sommer „zumeist in kleinen Trupps auf ihren Futterbäumen an, wo sie ihre Anwesenheit durch das scharfe Knacken beim Zerbeißen der Fruchtkerne zu verraten pflegten".

Dieses gesellige Nahrungsverhalten ist den Vögeln nicht nur im Winter (bis 50 Exemplare), sondern auch im Sommer zur Brutzeit (wenige bis zu 10 Exemplare) eigen, vorausgesetzt, die entsprechenden futterspendenden Bäume sind in genügender Anzahl vorhanden. Im Himalaya bilden die Kerne von *Prunus padus*, deren Schalenreste dann die Erde unter den Bäumen dicht bedecken, die hauptsächliche Nahrungsquelle und zusätzlich die sehr harten Kerne von *Myrica nagi* (OSMASTON 1921, WHISTLER 1923, LUDLOW u. KINNEAR 1937, LUDLOW 1944, ALI 1962). Gewöhnlich handelt es sich um mittelhohe, im dichten Dschungel wachsende Bäume, doch sind aus den Gipfeln sehr hoher Bäume des Tropenwaldes die knackenden Geräusche der fressenden Vögel auch zu vernehmen.

In Zentral-Nepal, im Katmandu-Tal (RAND u. FLEMING 1957), wurde *M. melanozanthos* im Winter in Wäldern aus *Pinus roxburghii* (s. v.) und Anfang Herbst bei Pome (LUDLOW 1944) auch in Kiefernwäldern bei der Nahrungssuche bemerkt. In Nordburma, bei N'Daw Hka, hielt sich im Frühjahr ein Schwarm von 20—30 Vögeln zwischen *Gmelina arborea* auf; offenbar waren die Vögel, durch die geöffneten Blüten von Bäumen und Sträuchern angelockt, aus großen Höhenlagen dorthin hinabgestiegen (STANFORD u. TICEHURST 1935).

Wanderungen

Echte Wanderungen, die die Grenzen des Areals überschreiten, vollführt *M. melanozanthos* nicht, sondern unternimmt nur saisonale Vertikalstreifereien, deren Dauer, Entfernung und Zeitpunkt von der Fruktifikation der Futterbäume und -sträucher und von Witterungsbedingungen abhängen. Im allgemeinen steigen sie im Winter in Höhen, die unterhalb der Brutorte liegen, obwohl die Höhengrenzen außerhalb der Brutzeit sehr unbeständig sind.

Mit Anbruch des Herbstes, Ende September, beginnen sich die Vögel in lärmenden Schwärmen zu versammeln, um im Verlauf des Herbstes Gegenden aufzusuchen, die niedriger als die Freßplätze im Sommer liegen, jedoch fanden LUDLOW und KINNEAR (1937) noch am 18. Oktober bei Sakden in 2743 m Höhe Exemplare, während sie sich in Butan, bei Diwangiri, vom 12.—14. November in 609 m Höhe am Fuß des Himalaya zeigten (LUDLOW u. KINNEAR 1937, LUDLOW 1944). Im West-Himalaya fand man die Vögel nur einige Male niedriger als 1000 m, hauptsächlich bis 1200 m. WHISTLER (1923, 1926b) traf 1921 in Lower Dharmsala (1219 m) kein einziges Exemplar im Winter, während er 1922 vom 7. Januar bis 8. Februar, 1923 vom 11. Februar bis 15. März Beobachtungen machen konnte. Im Katmandu-Tal ist *M. melanozanthos* ein seltener Wintergast bei 1463 m Höhe (RAND u. FLEMING 1957); bei Mangpu wurde er am 12. März in 1341 m Höhe festgestellt (STEVENS 1925). In annähernd gleichen Höhen überwintert er in Burma, z. B. bei Laukkaung in 1219 m Höhe (STANFORD u. TICEHURST 1938, SMYTHIES 1953), doch bei N'Daw Hka im Februar—April futtersuchende Schwärme nur bei 304 m (STANFORD u. TICEHURST 1935, 1938). Nach der Brutzeit verweilen die Vögel solange an für die Ernährung günstigen Lokalitäten, bis genügend Samen, Früchte und anscheinend auch aufspringende Blüten zum Verzehr vorhanden sind.

XIII

1986

Mycerobas melanozanthos (Hodgson)

bearbeitet von

I. A. NEUFELDT und E. v. VIETINGHOFF-SCHEEL

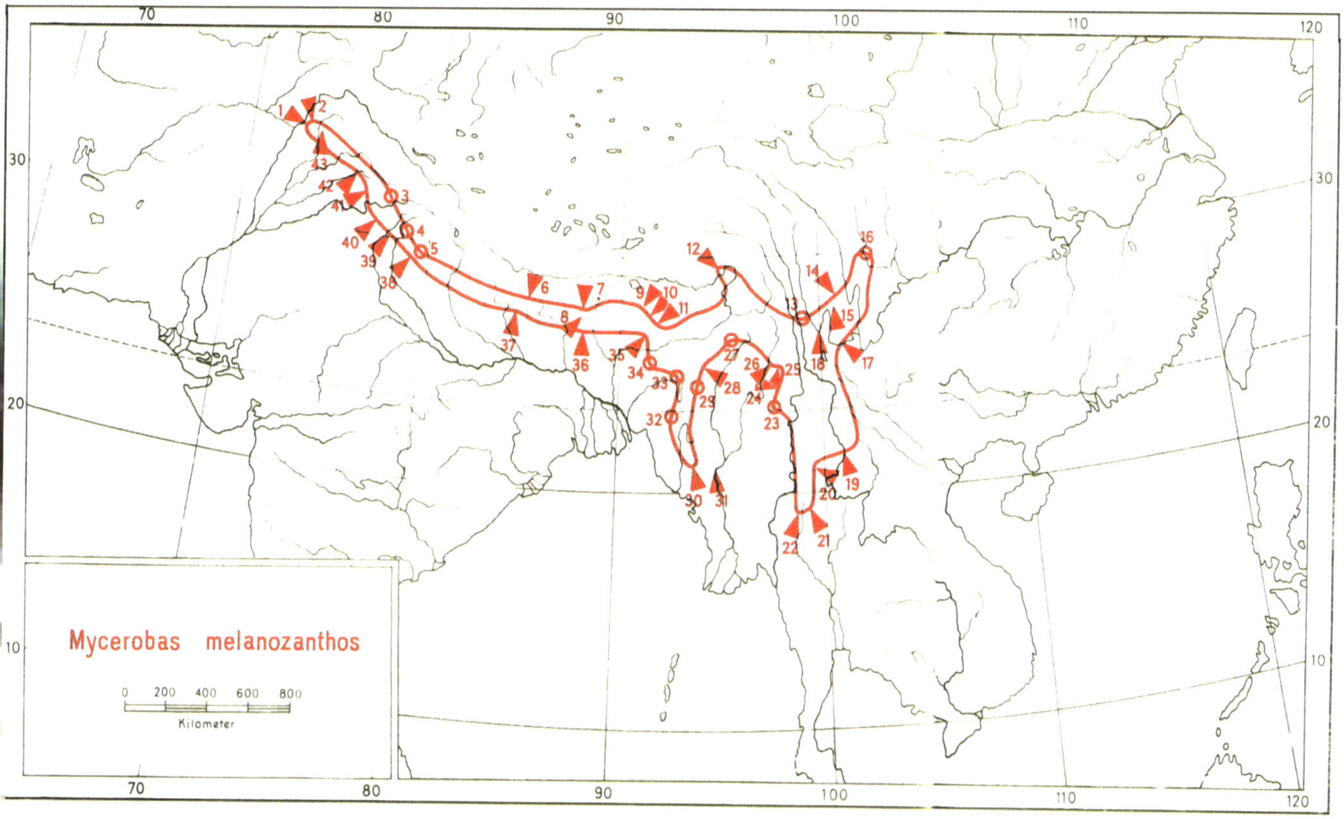

FUNDORTLISTE

Nr.	Fundort		Quelle
1.	Abbottabad, Hazara	A	Sharpe 1888
2.	Thandiani (IX.)		Sharpe 1888
3.	Umgebung Kulu:		
	Palga	A	
	Ghary	AN	Whistler 1926a
4.	Tehri-Garhwal District (24. I.)		Whistler 1923
5.	Kumaon District	A	Whistler 1923
			Osmaston 1921
6.	Nagarjung (= Nagar Jong; II.)		Rand u. Fleming 1957
	Katmandu (Winter)		Proud 1953
	Gandak-Kosi-Wasserscheide	B	Proud 1953
7.	Yumthang (IX.)		Blanford 1872, Stevens 1925, Ali 1962
	„Interior Sikkim"	A	Sharpe 1888
—	„Native Sikkim"	AJ	Sharpe 1888
8.	Gangtok	A	Ali 1962
9.	Hano Chu-Tal	A	Ludlow u. Kinnear 1937
10.	Khoma Chu-Tal	A	Ludlow u. Kinnear 1937
11.	Sakden	A	Ludlow u. Kinnear 1937
12.	Tongkyuik (Pome; 4. IX.)		Ludlow 1944
13.	Tung-la (= To-la)	A	Greenway 1933
14.	Muli-Gebirge:		Riley 1931
	Berg Mutzuga	A	
	Muligomba	A	
15.	Yuli (Yungning)	A	Riley 1931
16.	Umgebung von Wa-su-kou	B	Schäfer 1938
17.	Lameko-Gebirge (N Lashipa)	A	Riley 1926
18.	Likiang-Gebirge	AJ	Riley 1926
19.	Muong Yo	A	Bangs u. van Tyne 1931
20.	Htitamaung (Shan States)	A	Bingham 1903, Smythies 1953
21.	Doi Hua Mot	AB	Deignan 1941
22.	Doi Suthep (1. III.)	AB	Deignan 1936, 1941
			Meyer de Schauensee 1934
23.	Shweli-Salween-Wasserscheide	A	Rothschild 1926
		A	Stanford u. Ticehurst 1938
24.	Tengyueh District	J	Rothschild 1926
25.	Htawgaw	A	Smythies 1949, 1953
—	Lauk-kaung (9. III.)		Stanford u. Ticehurst 1938
26.	N'Daw Hka (N Myitkyina; III.)		Stanford u. Ticehurst 1935, 1938
27.	Patkai Range	AN	Baker 1934
28.	Kohima (Naga Hills)	A	Koelz 1954

29. Limatol (Manipur)	A	Sharpe 1888
30. Mount Victoria	AB	Stresemann u. Heinrich 1940
— Kanpetlet		Stresemann u. Heinrich 1940
31. Pakokku (Chin Hills)	A	Coll. Nat.-hist. Mus. Wien
32. Sangau (Lushai Hills; 21. II.)		Koelz 1954
33. Cachar Hills	A	Baker 1934
34. Khasi (= Khasia) Hills	A	Baker 1934
35. Diwangiri (12. — 14. XI.)		Ludlow u. Kinnear 1937, Ludlow 1944
36. Mangpu (12. III.)		Stevens 1925
37. Chitlang (N Chisapáni Gari)	A	Vaurie 1949, Biswas 1963
38. Ranikhet (19. II. — III.)		Whistler 1923
39. Masuri (= Mussoorie; III.)		Sharpe 1888
40. Simla	A	Whistler 1923
— Koteghur	A	Sharpe 1888
41. Dharmsala (7. — 30. I., 8. II., 11. II. — 15. III.)		Whistler 1923, 1926b
42. Chamba (21. II.)		Sharpe 1888
43. Dunga Gali (NE Murree)	N	Skinner 1908
	As	Whistler 1923, 1930

LITERATUR

Ali 1962 — Birds Sikkim. Madras. 389.

Baker 1934 — Nidif. Birds Indian Empire. London. 3, 37.

Bangs u. van Tyne 1931 — Field Mus. Nat. Hist. Chicago. Publ. 290, Zool. Ser., 18/3, 118—119.

Bingham 1903 — Ibis (8) 3, 600.

Biswas 1963 — J. Bombay Nat. Hist. Soc. 60, 20.

Blanford 1872 — J. Asiat. Soc. Bengal 41, 64.

Cheng 1976 — Distrib. List Chinese Birds. Peking. 938—939.

Deignan 1936 — J. Siam. Soc. Nat. Hist., Suppl., 10, 127.

Deignan 1941 — Smithson. Inst. Unit. States Nat. Mus. Bull. 186, 564—565.

Deignan 1943 — Auk 60, 608.

Greenway 1933 — Bull. Mus. Comp. Zool. Harvard 74, 166—167.

Jerdon 1863 — Birds of India. Calcutta. 2, 386—387.

Koelz 1954 — Contrib. Inst. Reg. Explor. (Orn. Studies) 1, 19—20.

Ludlow u. Kinnear 1937 — Ibis (14) 1, 468.

Ludlow 1944 — Ibis 86, 206.

Meyer de Schauensee 1934 — Proc. Acad. Sci. Philadelphia 86, 236.

Osmaston 1921 — J. Bombay Nat. Hist. Soc. 28, 151.

Proud 1953 — J. Bombay Nat. Hist. Soc. 51, 667.

Rand u. Fleming 1957 — Fieldiana: Zool. 41/1, 208—209.

Riley 1926 — Proc. Unit. States Nat. Mus. 70/5, 55.

Riley 1931 — Proc. Unit. States Nat. Mus. 80/7, 74.

Riley 1938 — Unit. States Nat. Mus. Bull. 172, 533.

Rothschild 1926 — Novit. Zool. 33, 335.

Schäfer 1938 — J. Orn. 86 (SH), 25; 34.

Sharpe 1888 — Catal. Birds Brit. Mus. London. 12, 41—43.

Skinner 1908 — J. Bombay Nat. Hist. Soc. 18, 907—908.

Smythies 1949 — Ibis 91, 643.

Smythies 1953 — Birds Burma. Edinburgh-London. 234.

Stanford u. Ticehurst 1935 — Ibis (13) 5, 263—264.

XIII

1986

Mycerobas carnipes (Hodgson)

bearbeitet von

I. A. NEUFELDT

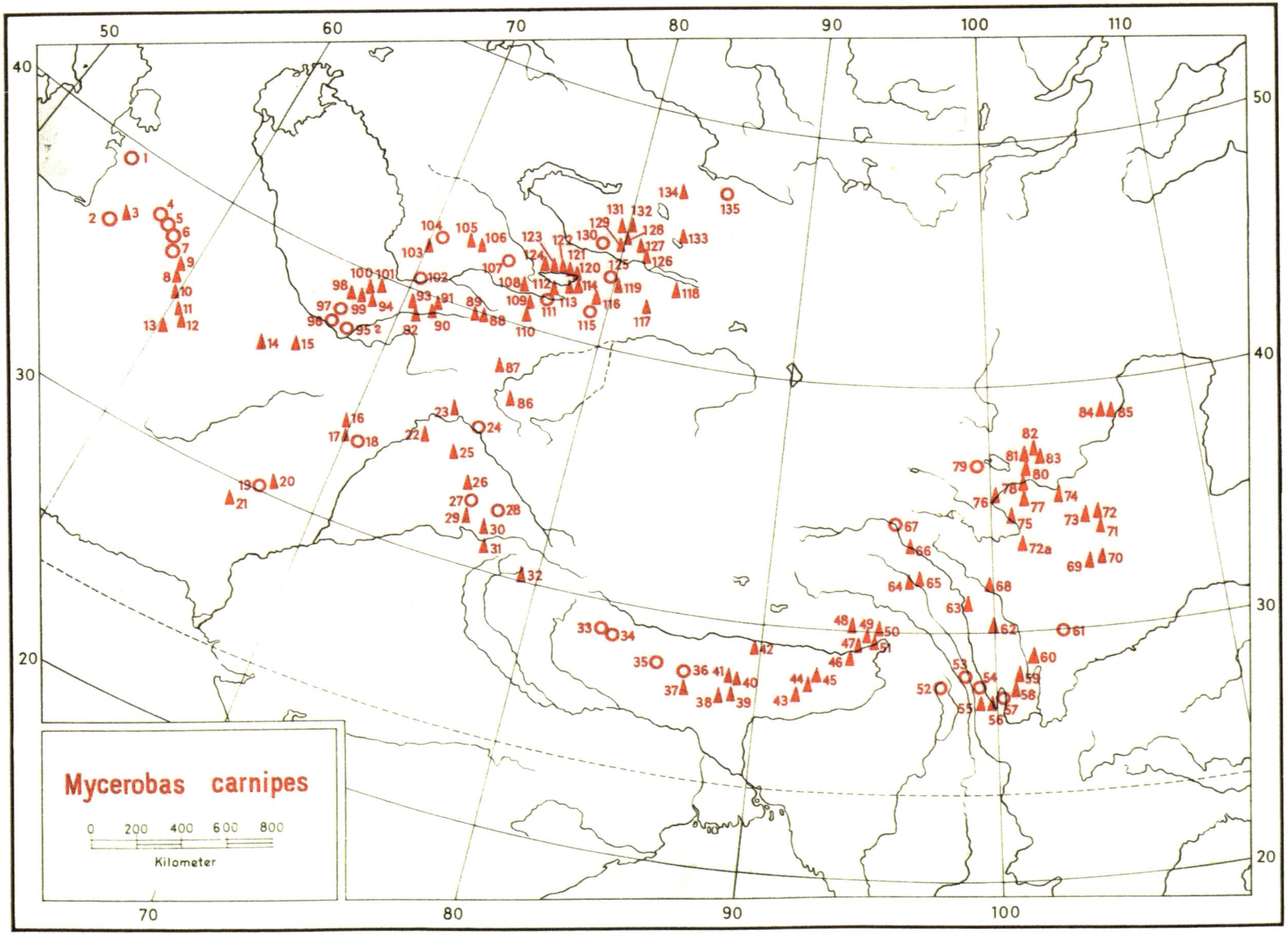

Mycerobas carnipes
0 200 400 600 800
Kilometer

Nr.	Fundort		Quelle
96.	Kugitang:	AJ	Rustamow 1958; Coll. Zool. Mus. Mosk. Univ.
—	Wandob, Chodshafil, Kampyrtepe (Osthang d. Kugitang), Schalkansaj	A	Salichbaew u. Bogdanow 1967
—	Jukori-Pandshom,	B	Iwanow 1969
	Aulat	A	Abdusalyamov 1977
97.	Berge Bajsuntau, Chodshagurgurata	As	Iwanow 1969, Salichbaew u. Bogdanow 1967
—	Lagari-Murda-Paß	A	Bianchi 1886
98.	Kaschkandarja-Oberlauf, Quellen d. Igrisu	A	Meklenburcew 1958
99.	Magian-Oberlauf	A	Abdusalyamov 1977
	Artscha-Majdon	A	Kuznecow 1958
—		AJ	Abdusalamow 1964, Abdusalyamov 1977
—	Marguzarskie-Seen	N	Abdusalyamov 1977
100.	Zebon	A	Abdusalyamov 1977
101.	Oberlauf von Sanzar u. Zaaminsu	B	Iwanow 1969
—	Guralaschsaj	ANc	Salichbaew u. Bogdanow 1967
—	Zaaminsu (= Zaaminsaj), Zaamin	ABc	Salichbaew u. Bogdanow 1967, Abdusalyamov 1977; Coll. Zool. Inst. Leningrad
—	Kaschkasu	Ac	Salichbaew u. Bogdanow 1967
—	Kumbelsaj	A	Coll. Zool. Inst. Leningrad
		N	Abdusalamow 1964, 1977, (= Abdusalyamov); Iwanow 1969
—	Kulsaj	ANc	Salichbaew u. Bogdanow 1967
—	Paß Schachristan	B	Popow 1959
102.	Kuraminskij-Gebirge von Taboschar bis Mullomir	A	Abdusalyamov 1977
—	SW Tschatkalskij-Gebirge, Kurgantasch	As	Sheleznjakow u. Kolesnikow 1958
103.	Westhang d. Ugamskij-Gebirges (Kyzyltal)	ANs	Korelow 1956b, Gawrilow 1974; Coll. Zool. Inst. Alma-Ata
104.	Westl. Talasskij Alatau: Bugulugur	A	Schulpin 1953
	Kschi-Kaindy	A	Schulpin 1953; Coll. Zool. Inst. Leningrad
	Aksu-Fluß	A	Schulpin 1953
	Tereskaj	J	Schulpin 1953
	Tschimbulak	A	Coll. Zool. Inst. Leningrad
	Dshabagly-Oberlauf	J	Schulpin 1953
	Baldabrek-Tal	NJ	Kowscharj 1966
	Berkutuja	J	Kowscharj 1966
	Maschat-Fluß (27. XI.)		Coll. Zool. Inst. Leningrad
105.	Tschungursaj	NJa	Gawrilow 1974; Coll. Zool. Inst. Alma-Ata
106.	Schlucht Sandyk, Merke-Quellen	A	Portenko 1961
107.	Zentrales Kirgisen-Gebirge (zwischen Issykata- und Sukuluk-Fluß)	ABJc	Kuznecow 1962
—	Schlucht Tujuk	AB	Spangenberg u. Sudilowskaja 1959
—	Ala-Artscha	A	Coll. Zool. Mus. Mosk. Univ.

Nr.	Fundort		Quelle
108.	Kum-Bel (E Sonköl-See)	A	Coll. Zool. Inst. Leningrad
109.	Atscha-Kaman-Su	N	Januschewitsch et al. 1960
110.	Aksaj	A	Coll. Zool. Inst. Leningrad u. Alma-Ata
111.	Naryntau-Gebirge	N	Januschewitsch et al. 1960
—	Flußsystem des Naryn	Ac	Schnitnikow 1949
—	Umgebung Naryn (1.–5. XI.)		Coll. Zool. Inst. Leningrad
112.	Bugumujuz (und E):		Stepanjan 1959
	Turgenj-Ak-Su, Tekeli-Ter, Tschon-Dshergalutschan	A	
	Kara-Batkak	AN	
113.	Tschon-Kyzyl-Su-Becken	A	Wtorow 1967
—	Ak-Terek	A	Coll. Zool. Inst. Leningrad
—	M. Kyzyl-Su-Schlucht	N	Schnitnikow 1949
114.	Umgebung Prshewalsk: Turgen-Aksu	A	Coll. Zool. Inst. Leningrad
	Kaschka-su (9.–10. XI.)		Schalow 1908
115.	Gebirgsschluchten bei Utschturfan:		Sudilowskaja 1936;
	Ajry, Uluk-Tus,	A	Coll. Zool. Inst. Leningrad
	Karagajlik	AJ	
116.	Sardshaz (= Sary-Dshaz)	Ac	Schnitnikow 1949
117.	Südl. Muzart-Fluß	A	Ludlow u. Kinnear 1933
118.	Oberes Kenso-Tal	As	Ludlow u. Kinnear 1933
119.	Narynkol, Oberlauf d. Tekes (29. III.)		Coll. Zool. Inst. Leningrad
120.	Paß Kurmenty	A	Coll. Zool. Inst. Leningrad u. Alma-Ata
121.	Schlucht Kulsaj, Tau-Tschilik	Nc	Kowscharj 1972
122.	Schlucht Talgar	J	Gawrilow 1974
		A	Coll. Zool. Inst. Leningrad u. Alma-Ata
123.	Zailijskij Alatau (S Alma-Ata): Bolschoje Almatinskoe-See und Umgebung	ABNJc	Dolguschin et al. 1968a, b, Neufeldt et al. 1978; Coll. Zool. Inst. Leningrad u. Alma-Ata
	Kumbel	AJ	Coll. Zool. Inst. Alma-Ata
	Schlucht Maloe Almatinskoe	A	Coll. Zool. Inst. Leningrad u. Alma-Ata
	Ters-Bulak	A	Coll. Zool. Inst. Alma-Ata
124.	Schlucht Kaskelen	A	Coll. Zool. Inst. Alma-Ata
125.	Ketmenj-Gebirge, Kumurtschi	N	Korelow 1956a
		A	Coll. Zool. Inst. Alma-Ata
126.	Umgebung Kuldsha	A	Schestoperow 1929
127.	Sajram-Nur	A	Coll. Zool. Inst. Leningrad
—	Paß Talki (17., 19. X.)	J	Coll. Zool. Inst. Leningrad
128.	Tyschkan (= Tyschkantau)	ABN	Zarudnyj u. Korejew 1906
		A	Schestoperow 1929
129.	Juj-Tas-Flußebene	AJ	Ioganzen (= Johansen) 1908
130.	Altyn-Emel-Gebirge: Nordhang Suun-Saj	A	Coll. Zool. Inst. Alma-Ata
	Matoj (Altyn-Emel-Gipfel)	A	Coll. Zool. Inst. Alma-Ata

40.	Sharitang	A	Ludlow u. Kinnear 1937
—	N Chumbi-Tal (Winter)	Ac	Walton 1906
—	Gauthong (= Gotsa; 25. I.)		Walton 1906
41.	Thangu (XI.)		Meinertzhagen 1927
		A	Rand u. Fleming 1957
		AJ	Schäfer (unveröffentl.)
—	Lachung (II., III.)	c	Stevens 1925
		Bc	Ali 1962
42.	Gyantse (15. II.)	s	Ludlow 1928
43.	Yönpu La (28. II.)		Ludlow 1944
44.	Me La	A	Ludlow u. Kinnear 1937
—	Mago	A	Ludlow u. Kinnear 1937
45.	Kap	Ac	Ludlow 1944
46.	Bimbi La u. Langong	Ac	Ludlow 1944
47.	Tse (18. XII.)	c	Ludlow 1951
48.	Pasum La	Ac	Ludlow 1944
49.	Tumbatse	Ac	Ludlow 1944
50.	Layoting (7. III.)	c	Ludlow 1951
51.	Tripe (13. IX.)	c	Ludlow 1951
52.	Adung-Tal	Js	Stanford u. Ticehurst 1938
53.	Mekong-Salwin-Wasserscheide (IX.)	J	Rothschild 1923, 1926
54.	Hofuping-Gebirge (XI.)		Riley 1926
55.	Tung-la	A	Greenway 1933
56.	Chou-ju-gko	A	Greenway 1933
57.	Likiang-Gebirge	A	Riley 1926
	(I.)		Riley 1931
	(XI.)		Rothschild 1923
—	Yangtze Big Band (III.)		Rothschild 1926
—	Mt. Satseto (II.)		Greenway 1933
58.	Gowa (S Yuli)	A	Riley 1931
59.	Mili (= Muli; II.)		Riley 1926
—	Mt. Mitzuga	A	Riley 1931
60.	Brüolo-kong-Tal	A	Riley 1931
61.	Tatsienlu	Bc	Schäfer u. Meyer de Schauensee 1939
—	Yulinggong	A	Riley 1931
—	Hsifangebirge	ABc	Jacobi 1924
62.	Lager 25, W Litang (18. X.)		Schäfer u. Meyer de Schauensee 1939
63.	Lager 47 (Beyü; 7. II.)		Schäfer u. Meyer de Schauensee 1939
64.	Fluß Bat-tschju (14.–15. X.)		Bianchi 1907; Coll. Zool. Inst. Leningrad
65.	Oberlauf des Mekong:		
	Tschok-Tschju	Ac	Bianchi 1907
	Dze-Tschju (14.–19. IX.)		Bianchi 1907, Coll. Zool. Inst. Leningrad
66.	Yekundo (= Jyekundo)	A	Schäfer 1938
		Bc	Schäfer u. Meyer de Schauensee 1939
67.	Fluß Golubaja (= Czynjschaczjan = Janczy)	A	Coll. Zool. Inst. Leningrad
68.	Bana-Dshun	A	Bianchi 1907; Coll. Zool. Inst. Leningrad
69.	Sungpan	ANJ	Jacobi 1924
		A	Coll. Zool. Inst. Leningrad
70.	Schlucht Cho-czi-tschau, Lun-anj-fu	A	Coll. Zool. Inst. Leningrad
71.	Umgebung von Sigu:	BJ	Berezowskij u. Bianchi 1891
	Satani (II.)		
	Dzju-juanj	A	
	Dshoza-paza (X.) Tschago (XII.)		
72.	Mindshou	Ac	Berezowskij u. Bianchi 1891
—	Minshan-Gebirge	A	Bangs u. Peters 1928
—	Aschuen	A	Lönnberg 1924
72a.	Drakana (Ober. Tebbu-Land; VIII.–X.)		Bangs u. Peters 1928
73.	Tao-Tal	A	Bangs u. Peters 1928
74.	Tschy (3. III.)		Bianchi 1915; Coll. Zool. Inst. Leningrad
75.	Radja	A	Bangs u. Peters 1928
—	Howa Gorge (= Haowa-Tal)	A	Bangs u. Peters 1928
76.	Rewennyj-Gebirge (Ugutu-Ula)	A	Coll. Zool. Inst. Leningrad
77.	Dshachar-Gebirge (5. XI.)		Bianchi 1915; Coll. Zool. Inst. Leningrad
78.	Gui-du	Ac	Berezowskij u. Bianchi 1891
79.	Süd-Kuku-nor-Gebirge	A	Prshewalskij 1876; Coll. Zool. Inst. Leningrad
—	Dulan-kit	A	Bianchi 1907; Coll. Zool. Inst. Leningrad
80.	Umgebung Sining	Ac	Berezowskij u. Bianchi 1891
—	Tschun-dzja	A	Berezowskij u. Bianchi 1981
—	Io-dzam-pu	A	Berezowskij u. Bianchi 1891
81.	Kimar	ANc	Stresemann et al. 1937
—	Lau-hu-kou	Aa	Stresemann et al. 1937
—	Komandse (I.–V.)	a	Stresemann et al. 1937
82.	Tschau-tou (12. II.)		Stresemann et al. 1937
—	Rangchta-Schlucht (I.–V.)		Stresemann et al. 1937; Coll. Zool. Mus. Berlin
83.	Tetung-gol (II.)		Bianchi 1907
—	Tschortentan	A	Prshewalskij 1876; Coll. Zool. Inst. Leningrad
84.	Schluchten Suburgan-gol, Jamata, Chotyn-gol (Alaschan)	Ac	Bianchi 1915; Coll. Zool. Inst. Leningrad
85.	15 Meilen NW Ninghsia	A	Riley 1930
86.	Tochtachon	AJ	Coll. Nat. Hist. Mus. Wien
		Bc	Kozlow 1899
		A	Coll. Zool. Inst. Leningrad
87.	Kaying Bashi	Ac	Ludlow u. Kinnear 1933
88.	Paß Tartkul	A	Stolzmann 1897
—	Akboguz	A	Stolzmann 1897
89.	Paß Artschat	A	Coll. Zool. Inst. Leningrad
—	Jagatschart	A	Coll. Zool. Inst. Leningrad
90.	Karamuk (20. IX.)		Coll. Zool. Inst. Leningrad
91.	Kara Karyk	A	Stolzmann 1897; Coll. Nat. Hist. Mus. Wien
—	Dujuba	A	Kuznecow 1958
—	Schachimardan (= Srachi-Maidan)	A	Stolzmann 1897, Schalow 1908
92.	Oberlauf d. Woruch	AB	Abdusalyamov 1977
93.	Fluß Kschemysch	A	Coll. Zool. Inst. Leningrad
—	Isfara-Oberlauf	AB	Abdusalyamov 1977
94.	Umgebung des Iskanderkul	A	Coll. Zool. Mus. Berlin
			Abdusalamow 1964,
		B	Abdusalyamow 1977
		B	Popow 1959
—	Kulikalon-See	A	Dal 1936
—	Paß Artutsch	A	Coll. Zool. Inst. Leningrad
—	Paß Guzun	B	Iwanow 1969
		A	Coll. Zool. Inst. Leningrad
95.	Babatag	As	Abdusalyamov 1977
—	Surchandarja	A	Coll. Zool. Mus. Mosk. Univ.

FUNDORTLISTE

1.	Bolschoj Balchan:		
	Basch-Mugur	A	Bilkewitsch u. Zarudnyj 1918
		AJ	Dementjew et al. 1955
		Ac	Schukurow 1962
	Sakka	A	Bilkewitsch u. Zarudnyj 1918
	Djunesch (= Djuneg)	A	Schukurow 1962
	Koscha-Gujdshik	Ac	Schukurow 1962
	Ajak-Mugur	A	Bilkewitsch u. Zarudnyj 1918
		Ac	Schukurow 1962
2.	Karimserai (Gebiet Gurgan)	AJ	Vaurie 1949
3.	Umgebung Dasht	A	Érard u. Etchécopar 1970
4.	Region W Geok-Tepe:		
	Mergen-Ula (3. III.)		Dementjew et al. 1955
	Sullokli (= Solukli)	A	Coll. Zool. Mus. Mosk. Univ.
	Chajrabad	A	Coll. Zool. Mus. Mosk. Univ.
5.	Firjuza u. Umgebung	A	Rustamow 1958; Coll. Zool. Mus. Mosk. Univ.
–	Dshangir	AJ	Rustamow 1958
–	Tschopan (= Tschonak)	A	Rustamow 1958; Coll. Zool. Mus. Mosk. Univ.
6.	Umgebung (S, SW) Aschchabad	A	Dresser 1889
		AJ	Coll. Zool. Inst. Leningrad, Coll. Zool. Mus. Mosk. Univ.
–	Goudan (= Gaudan) (14., 15. X.)		Rustamow 1958; Coll. Zool. Mus. Mosk. Univ.
7.	Dergez (Zentraler Kopetdag)	ABJc	Zarudnyj 1896, 1900
–	Kelte-Tschinar	A	Coll. Zool. Inst. Leningrad
–	Guljuli-Dag, Asilma-Dag, Nachduin, Kara-Ljuke, Ludsha, Kara-Ilchi, Schach-Schach	ABJ	Zarudnyj 1896; Coll. Zool. Inst. Leningrad
8.	Paß Chezar-Mesdshid	A	Zarudnyj 1900; Coll. Zool. Inst. Leningrad
9.	Ost-Kopetdag, Gebiet Chakister	Bc	Zarudnyj 1900
10.	Ferimun	Bc	Zarudnyj 1900, 1903
11.	Sebek-bala	Ac	Zarudnyj 1903
12.	Turbet-Schejch-i-Dsham	Bc	Zarudnyj 1900, 1903
13.	Bala-Chaf	Bc	Zarudnyj 1900
14.	Burchao-Paß (12.–15. X.)		Vaurie 1949
15.	Terak (3.–5. IX.)	J	Vaurie 1949
16.	Byan Kheyl (Hariab District)	As	Wardlaw-Ramsay 1880
17.	Sirotai	AJ	Vaurie 1949
18.	Safed Koh	ANa	Whitehead 1907, 1909a
19.	Berge bei Quetta:		
	Quetta	BNc	Meinertzhagen 1920
	Khaliphat, Murdan	B	Ticehurst 1927
20.	Ziarat	Ac	Marshall 1902
		J	Laubmann 1914
		ABc	Delme-Redcliffe 1915
21.	Harboi	B	Ticehurst 1927
22.	Hazara	B	Ali u. Ripley 1974
23.	Gilgit	ABc	Biddulph 1881
		AJ	Sharpe 1888
24.	Baltistan, Braldu-Tal (30. XI.)		fide Vaurie 1972
25.	Srinagar (Winter, bis III.)		Ward 1908
26.	SW Pyas, Kishtwar	Ac	Ward 1908
27.	Kághán Valley	As	Whitehead 1909b
28.	Lahul: Kyelang (16.–18. X.)	ABJ	Whistler 1924, 1925
			Vaurie 1949
	Kolung	AJ	Vaurie 1949
	Jispar	AJ	Whistler 1924, 1925
	Gumrang (18. X.)		Vaurie 1949
29.	Kareri-See	AB	Whistler 1924, 1926a
30.	Kulu (Pulga; 9. XI.)		Whistler 1926b
–	Nagar	A	Coll. Zool. Inst. Leningrad
31.	Umgebung Simla, Chini	As	Jones 1948
32.	Garhwal	N	Whymper 1910
33.	Daulagiri-Kette	Ac	Lowndes 1955
–	Tukche (XII.)		Rand u. Fleming 1957
34.	Manangbhot	Ac	Lowndes 1955
–	Jergeng Khola	A	Lowndes 1955
35.	Gandak-Kosi-Wasserscheide	Ac	Proud 1952, 1953
36.	Khumbu: Khumjung, Khumde, Namche Bazar, Tongba	BNc	Diesselhorst 1968
–	Tesinga Dudkosi-Tal (6. III.); Pangboche (18. IV.); Base Camp (Thyangboche; 8. IV.)		Biswas 1963; Coll. Indian Mus. Calcutta
37.	Tanga (23. IX.)		Diesselhorst 1968
38.	Darjeeling (XII.)		Meinertzhagen 1927
–	Phalut (I.)		Meinertzhagen 1927
39.	Changu (XII.)		Meinertzhagen 1927
			Ludlow u. Kinnear 1937
–	Karponang (23. III.)	Ac	Stevens 1925
–	Gnatong	Bc	Ali 1962
–	Snatong (7.–10. III.)		Rand u. Fleming 1957

131. Aksu-Oberlauf	A	Coll. Zool. Inst. Leningrad u. Alma-Ata
132. Bolschoj-Baskan-Oberlauf	ANJ	GAWRILOW 1974; Coll. Zool. Inst. Alma-Ata
133. Gebiet des Ebi-Nur, Fluß Dshergalan (20. III.)		Coll. Zool. Inst. Leningrad
134. Akschokka-Oberlauf (Tarbagataj) ↓	As	BIBIKOW u. KORELOW 1961
135. Saur-Gebirge	Ba	DOLGUSCHIN et al. 1968a, b GAWRILOW 1974

	AJ	Coll. Zool. Inst. Leningrad u. Alma-Ata
— Fluß Tschagan-obo	A	Coll. Zool. Inst. Leningrad
— Keńderlyk (8. III.)		Coll. Zool. Inst. Leningrad
(2. XII., 3. I.)		Coll. Zool. Mus. Mosk. Univ.
	A	POLJAKOW 1915

Anmerkung zu P. 134:

Der bis jetzt einzige zuverlässige Fund aus der Brutzeit im Tarbagataj stammt vom 18. Mai. Vorkommen kleiner Wacholderbestände an den Südhängen des Gebirges könnten vermuten lassen, entgegen der Meinung GAWRILOWS (1974), daß dort einige Paare brüten.

LITERATUR

ABDUSALAMOW 1964 — Pticy gorn. Zerawschana. Duschanbe. 109–111.

ABDUSALYAMOV (s. o.) 1977 — Fauna Tadjik SSR. 19/3. Birds. Duschanbe. 35–41.

ALI 1962 — Birds Sikkim. Madras. 390.

ALI u. RIPLEY 1974 — Handb. Birds India, Pakistan. Bombay-London-New York. 10, 127–130.

BANGS u. PETERS 1928 — Bull. Mus. Comp. Zool. Harvard 68/7, 372.

BEREZOWSKI u. BIANCHI 1891 — Aves Exped. Potanini Gan-su. St.-Petersb. 142–143.

BIANCHI 1886 — Mél. Biol., Bull. Acad. Sci. St.-Petersb. 12, 647.

BIANCHI 1907 — Aves Exped. Kozlowi Mongol., Tibet. orient. St.-Petersb. 29–30.

BIANCHI 1916 — Ann. Mus. Zool. Petrograd 20, 31.

BIBIKOW u. KORELOW 1961 — Trudy Inst. zool. Akad. Nauk Kazach. SSR 15, 29.

BIDDULPH 1880 — Stray Feathers 9, 346.

BILKEWITSCH u. ZARUDNYJ 1918 — Izw. Turkest. otd. Russ. geogr. ob. 14, 68–69.

BISWAS 1963 — J. Bombay Nat. Hist. Soc. 60, 200.

BORODICHIN 1968 — Pticy Alma-Aty. Alma-Ata. 22.

CHENG 1976 — Distrib. List Chin. Birds. Peking. 940.

DAL 1936 — Trudy Uzbek. uniw. 7, 119.

DELME-REDCLIFFE 1915 — J. Bombay Nat. Hist. Soc. 23, 753.

DEMENTJEW, KARAEW u. KARTASHEW 1955 — Utsch. zap. Mosk. uniw. 171, 126–127.

DIESSELHORST 1968 — Khumbu Himal. Innsbruck-München. 2, 401–402.

DOLGUSCHIN, GAWRILOW u. RODIONOW 1968a — Trudy Inst. zool. Akad. Nauk Kazach. SSR 29, 19–31.

DOLGUSCHIN, GAVRILOV u. RODIONOV 1968b — J. Bombay Nat. Hist. Soc. 65. 105–119.

DRESSER 1889 — Ibis (6) 1, 89.

ÉRARD u. ETCHÉCOPAR 1970 — Mem. Mus. Hist. Nat. Paris, n. s., A., 66; 122.

GAWRILOW 1974 — Pticy Kazachstana. Alma-Ata. 5, 208–216.

GREENWAY 1933 — Bull. Mus. Comp. Zool. Harvard 74/5, 166.

HARTERT 1903 — Vögel paläarkt. Fauna. Berlin. 1, 60–61.

IOGANZEN (= JOHANSEN) 1908 — Pticy Semiretschja i Turkestana. Tomsk. 17.

IWANOW 1969 — Pticy Pamiro Alaja. Leningrad. 384–386.

IWANOW 1976 — Katalog ptic SSSR. Leningrad. 230–231.

JACOBI 1924 — Abh. Ber. Mus. Tierk. Völkerk. Dresden 16/1, 24.

JANUSCHEWITSCH, TJURIN, JAKOWLEWA, KYDYRALIEW u. SEMENOWA 1960 — Pticy Kirgizii. Frunze. 2, 69–72.

JONES 1948 — J. Bombay Nat. Hist. Soc. 47, 421.

KEVE 1961 — Anz. Orn. Ges. Bayern 6, 181–182.

KORELOW 1956a — Trudy Inst. zool. Akad. Nauk Kazach. SSR 6, 133.

KORELOW 1956b — Priroda i chozjajst. usl. gorn. tschasti Bostandyka. Alma-Ata. (fide GAWRILOW 1974).

KORSCHUNOW 1981 — Ekol. nekot. wid. mlekop., ptic rawn. i gor Uzbekistana. Taschkent. 105.

KOWSCHARJ 1966 — Trudy zapow. Aksu-Dshabagly 3, 136–140.

KOWSCHARJ 1972 — Ornitologija 10, 343.

KOWSCHARJ 1977 — Izw. Akad. Nauk Kazach. SSR, ser. biol. 2, 25–29.

KOWSCHARJ 1979 — Pewtsch. pticy subwysokogor. Tjan-Schanja. Alma-Ata. 275–285.

KOZLOW 1899 — Ann. Mus. Zool. St.-Petersb. 4, 4; 20.

KUZNECOW 1958 — Trudy Inst. zool., parasit. Akad. Nauk Tadshik. SSR 79, 247.

KUZNECOW 1962 — Ornitologija 5, 224–225.

LAUBMANN 1914 — Abh. Bayer. Akad. Wiss., Math.-phys. Kl. 26/9, 16–17.

LÖNNBERG 1924 — Ibis (11) 6, 310.

LOWDNES 1955 — J. Bombay Nat. Hist. Soc. 53, 34.

LUDLOW 1928 — Ibis (12) 4, 64.

LUDLOW 1944 — Ibis 86, 205–206.

LUDLOW 1951 — Ibis 93, 565.

LUDLOW u. KINNEAR 1933 — Ibis (13) 3, 659–660.

LUDLOW u. KINNEAR 1937 — Ibis (14) 1, 468.

MARSHALL 1902 — J. Bombay Nat. Hist. Soc. 14, 604.

MEINERTZHAGEN 1920 — Ibis (11) 2, 137.

MEINERTZHAGEN 1927 — Ibis (12) 3, 376–377.

MEKLENBURCEW 1958 — Trudy Sredneaziat. uniw., n. S. 130, Biol. 30, 68.

NEUFELDT, LEONOWITSCH u. MALYSCHEWSKIJ 1978 — Trudy Zool. inst. Akad. Nauk SSSR 68, 265–267.

PEK u. FEDJAKINA 1961 — Pticy Kirgizii. Frunze. 3, 92.

POLJAKOW 1915 — Orn. sbory Welishanina w bass. werchn. Irtyscha. Moskwa. 24.

POPOW 1959 — Pticy Gissaro-Karategina. Stalinabad. 62–63.

PORTENKO 1960 — Pticy SSSR. Moskwa-Leningrad. 4, 326–328.

PORTENKO 1961 — Trudy Inst. zool. Akad. Nauk Kazach. SSR 15, 130.

PORTENKO 1962 — Trudy Zool. inst. Akad. Nauk SSSR 30, 391.

PROUD 1952 — J. Bombay Nat. Hist. Soc. 50, 364.

PROUD 1953 — J. Bombay Nat. Hist. Soc. 51. 667.

PRSHEWALSKIJ 1876 — Mongolei u. Land Tanguten. St. Petersb. 2, 88–89.

Rand u. Fleming 1957 Fieldiana: Zool. 41/1, 207–208.
Riley 1926 Proc. Unit. States Nat. Mus. 70/5, 55.
Riley 1930 Proc. Unit. States Nat. Mus. 77/15, 34.
Riley 1931 Proc. Unit. States Nat. Mus. 80/7, 74.
Rothschild 1923 Novit. Zool. 30, 57.
Rothschild 1926 Novit. Zool. 33, 334–335.
Rustamow 1958 Pticy Turkmenistana. Aschchabad. 2, 80–83.
Salichbaew u. Bogdanow 1967 Fauna Uzbek. SSR 2/4, pticy. Taschkent. 72–74.
Schäfer 1938 J. Orn. 86 (SH.), 295–296.
Schäfer u. Meyer de Schauensee 1939 Proc. Acad. Nat. Sci. Philadelphia 90, 245–246.
Schalow 1908 J. Orn. 56, 204–206.
Schestoperow 1929 Bull. Soc. Nat. Moscou 38, 162.
Schestoperow 1937 Opred. pozw. shiw. Turkmen. SSR 4, pticy. Aschchabad–Baku. 180. 47–50.
Schnitnikow 1949 Pticy Semiretschja. Moskwa-Leningrad. 342.
Schreders 1947 Trudy Almaatinsk. zapow. 4, 90.
Schukurow 1962 Fauna pozwon. shiw. gor Bolsch. Balchany. Aschchabad. 53.
Schulpin 1953 Trudy Inst. zool. Akad. Nauk Kazach. SSR 2, 64–66.
Sharpe 1888 Catal. Birds. Brit. Mus. London 12,
Sheleznjakow u. Kolesnikow 1958 Trudy Gorno-lesn. zapow. 1, 103–104.
Spangenberg u. Stepanjan 1958 Zap. Orech.-Zuewsk. ped. inst. 11, 167.
Spangenberg u. Sudilowskaja 1959 Utsch. zap. Mosk. obl. ped. inst. 71/4, 146.
Stanford u. Ticehurst 1938 Ibis (14) 2, 612.
Stegmann 1954 Trudy Leningr. ob. jestest. 72/4, 267–268.
Stepanjan 1956 Zool. Sh. 35/10, 1587–1588.
Stepanjan 1959 Utsch. zap. Mosk. obl. ped. inst. 71/4, 78–80.
Stepanjan 1960 Beitr. Vogelk. 7, 122–126.
Stevens 1925 J. Bombay Nat. Hist. Soc. 30, 367.
Stolzmann 1897 Bull. Soc. Nat. Moscou, 61.
Stresemann, Meise u. Schönwetter 1937 J. Orn. 85, 459–461.
Sudilowskaja 1936 Pticy Kaschgarii. Moskwa-Leningr. 21.
Sudilowskaja 1973 Sborn. trud. Zool. Mus. Mosk. Uniw. 14, 148.
Sushkin 1925 Auk 42, 256–261.
Ternowskij 1956 Priroda. 117–118.
Ticehurst 1927 J. Bombay Nat. Hist. Soc. 31, 862–863.
Umrichina 1970 Pticy Tschujsk. doliny. Frunze. 46.
Vaurie 1949 Amer. Mus. Novit. 1424, 58–61.
Vaurie 1956 Amer. Mus. Novit. 1788, 23–24.
Vaurie 1959 Birds Palearct. Fauna. Passeriformes. London. 668–669.
Vaurie 1972 Tibet and its Birds. London. 339.
Walton 1906 Ibis (8) 6, 225.
Ward 1908 J. Bombay Nat. Hist. Soc. 18, 462.
Wardlaw-Ramsay 1880 Ibis (4) 4, 66–67.
Whistler 1924 J. Bombay Nat. Hist. Soc. 30, 181.
Whistler 1925 Ibis (12) 1, 179.
Whistler 1926a Ibis (12) 2, 725.
Whistler 1926b J. Bombay Nat. Hist. Soc. 31, 471.
Whitehead 1907 J. Bombay Nat. Hist. Soc. 18, 193.
Whitehead 1909a Ibis (9) 3, 227–228.
Whitehead 1909b Ibis (9) 3, 713.
Whymper 1910 J. Bombay Nat. Hist. Soc. 19, 990–991.
Wolters 1975 Vogelarten der Erde. Hamburg-Berlin. 300.
Wtorow 1967 Ornitologija 8, 254–261.
Zarudnyj 1896 Mat. Fauna Flora Ross. 2, 285–286.
Zarudnyj 1900 Mém. Acad. Sci. St.-Petersb. 10, 170.
Zarudnyj 1903 Ois. Perse orient. St.-Petersb. 246.
Zarudnyj u. Koreew 1906 Mat. Fauna Flora Ross. 7, 199–200.

Mycerobas carnipes (Hodgson)

Wacholderkernbeißer

Verwandtschaft und Gliederung

Die Gattung *Mycerobas*, im „Atlas" nach Vaurie (1959) charakterisiert, schließt neben den zweifellos nahen Verwandten *icterioides* und *affinis* noch zwei entferntere Arten, nämlich *melanozanthos* und *carnipes*, ein. Davon zeugen die Unterschiede nicht nur in ihrem Äußeren, sondern auch in Verhalten und Lebensweise. Bis zur Spezialrevision dieser Gruppe muß man wenigstens entsprechend dem gegenwärtigen Wissensstand über ihre Vertreter Untergattungen ausweisen, wie dies Wolters (1975) getan hat: *Perissospiza* (*icterioides, affinis*); Untergattung, noch ohne Bezeichnung (*carnipes*) und *Mycerobas* (*melanozanthos*). Diese Unterteilung, bereits von Hartert (1903) aufgestellt und von einer Reihe Ornithologen anerkannt, darunter von Sushkin (1925), spiegelt nicht nur die Heterogenität der gegenwärtigen Gattung *Mycerobas* wider, sondern erlaubt auch, die Verbindung der in sie eingeschlossenen himalayanisch-tibetischen *Perissospiza*, der amerikanischen *Hesperiphona* (worauf zuerst Sushkin 1925 hinwies) und der ostasiatischen *Eophona* zu verfolgen.

Viele Autoren unterscheiden bei *Mycerobas carnipes* zwei bis vier Unterarten. Jedoch ist dafür ihre innerartliche Veränderlichkeit im gesamten Areal noch zu mangelhaft studiert, um das reale Bestehen einer selbständigen Form in Nordwest-Gansu, = *nanschanicus* (Meise, in Stresemann et al. 1937) und in den Gebirgssystemen des Tien-Schan und Alai = *merzbacheri* (= *centralis*; Portenko 1960, 1962 = *tianschanicus*, Stepanjan 1960; s. a. Keve 1961) anerkennen zu können. Deshalb schließt sich die Bearbeiterin (I. A. N.) noch Vaurie (1956, 1959) an, der vorläufig zwei wirklich gut zu unterscheidende Unterarten anerkennt: *speculigerus*, besiedelt Gebirge, die im Norden und Osten das Iranische Hochland säumen (in Turkmenien/UdSSR, den Norden Irans und Afghanistans, aber auch Beludshistan) und *carnipes*, der den übrigen Teil des Areals einnimmt. Die 2. Unterart ist nach Vaurie (1959) „darker and larger, males black or blacker above, less slaty, females darker above and below. A cline increasing size and saturation runs from west to east but geographical variation is relatively slight and irregular".

Zur Verbreitung

Der Wacholderkernbeißer ist eine Art, die streng an das Gestrüpp von Kriech-Wacholder (*Juniperus*) in der subalpinen Bergzone und im oberen Nadelwaldstreifen gebunden ist, aber auch an bergige Wacholderwälder, und deshalb trifft sein Brutgebiet genau mit der Verbreitung dieser Pflanzengesellschaft, auf Asien bezogen, zusammen. Vor allem sind es die Berge des Bolschoj Balchan (westlichster Punkt des Areals), der äußerste nordöstliche Ausläufer des Elburs, Zentral- und Ost-Kopetdag und die Nischapurskije-Berge, einzelne südliche Gebirgszüge des afghanischen Gebirgssystems, Safed Koh, und die inneren Bogen der Sulejmanowye-Berge, im Süden bis zu den äußersten Vorkommen des spärlichen Wacholderwaldes in Kalat. Das weitere Artareal rahmt halbkreisförmig die Wüsten Dshungariens und Kaschgariens, ferner auch die Tibetische Hochebene ein. Vom Saur-Gebirge nach Norden erstreckt es sich durch sämtliche Gebirge des Tien-Schan (vom Borochoro, Chalyktau und Kokschaltau in Xinjiang im Osten bis zu den westlichen Ausläufern des Kirgisen-, Talasskij-, Ugamskij-Gebirges und Kuraminskij-Gebirges im Westen und nach Süden bis zum Fergana-Gebirge) und durch das Alai-System (vom Kugitang-Gebirge und Bajsuntau im Westen und den nördlichen Abhängen des Alai-Gebirges bis zum Paß Tartkul im Osten). Das Gebiet der UdSSR verlassend, erstreckt sich der Brutbereich durch die Gebirge des westlichen Kuenlun und die Karakorum im Himalaya, wo sich *Mycerobas carnipes* in entsprechenden Biotopen in der gesamten Ausdehnung aufhält (bis Südwest-Sikang in China). Weiterhin lebt die Art in Südost-Tibet und in den Gebirgen von Nord-Yünnan (im Süden in der Wasserscheide von Jangtse und Mekong bis etwa Likiang — Weishi); möglicherweise brütet sie auch in geringer Anzahl im nördlichsten Burma (Adung-Tal). Längs der chinesisch-tibetischen Gebirge (= Hsifan-Gebirge), die die Ostgrenze des Areals bilden, geht das Brutgebiet dann nach Norden, umschließt die den Kukunor umgebenden Gebirgssysteme des Ost-Nanschan und des Zentral-Alaschan (NE-Grenze).
Spezialkarten der Verbreitung:
CHENG 1976 (China), ABDUSALYAMOV 1977 (Tadshikistan), JANUSCHEWITSCH et al. 1960 (Kirgisien), GAWRILOW 1974 (Kazachstan).

Oekologie

Die Oekologie des Wacholderkernbeißers wurde sehr ausführlich in der Sowjetunion im Tien-Schan studiert (SCHULPIN 1953; DOLGUSCHIN et al. 1968a, b; STEPANJAN 1956, 1959; GAWRILOW 1974; NEUFELDT et al. 1978; KOWSCHARJ 1979), im Ost-Nanschan wurde sie gut von BEICK (STRESEMANN et al. 1937), von SCHÄFER (1938) in Tibet und von DIESSELHORST (1968) im Himalaya beobachtet.

Diese stenotope Art ist ein Bewohner von Wacholderbeständen der oberen Zone gebirgiger Nadelwälder und subalpinen Strauchwerks. Die optimalen Bedingungen für ihre Existenz findet sie in reinen Wacholderwäldern oder im Gesträuch von Kriechwacholder, aber ebenso im Übergang von Wald- zur Subalpinzone, wo der Wald gelichtet ist und nur einige Wacholdersträucher vorhanden sind, und von deren Verbreitung faktisch auch die Höhengrenzen der Ausbreitung von *M. carnipes* in den einzelnen Gebirgssystemen abhängen. Im allgemeinen ist er stellenweise häufig, aber in bedeutendem Maße stenophag (s. Nahrung), und das ganze Jahr an Wacholder gebunden, ist er sehr vom Samenertrag dieser Pflanze abhängig; deshalb ist das zahlenmäßige Auftreten im Gesamtareal schroffen Schwankungen während eines Jahres unterworfen. In einigen Gebieten verschwinden die Vögel völlig für 1—2 Jahre, in anderen erscheinen sie in übergroßer Anzahl. In Turkmenien (UdSSR), Nord-Iran und Afghanistan, wo baumartige Wacholder (*J. polycarpos*) vorkommen, brütet er in Wacholderwäldern und Lichtwäldern, hauptsächlich in der oberen Zone des *Juniperus*-Vorkommens: Im Gebirge Bolschoj Balchan schon ab 950 m, hauptsächlich aber höher, 1440—1700 m (RUSTAMOW 1958, SCHUKUROW 1962); im Zentral-Kopetdag meistens bei 1500—2000 m und höher (RUSTAMOW 1958); im Nischapurskij-Gebirge in der Zone baumartiger Wacholder und *Thuja* (ZARUDNYJ 1903); im Safed Koh in Strauchwacholder (Juniper scrub), hauptsächlich *Juniperus sibirica*; in den das Kurram-Tal umgebenden Bergen bei 2438—3657 m (WHITEHEAD 1907, 1909a). In den Hochgebirgen von Pakistanisch-Beludshistan sind es erneut Wacholderwälder und Lichtwälder, im Gebiet von Ziarat bei 2438—3353 m (MARSHALL 1902, DELME-REDCLIFFE 1915, MEINERTZHAGEN 1920, TICEHURST 1927). Im Himalaya liegt das Brutgebiet in der oberen Zone des gebirgigen Nadelwaldes, wo die Art sowohl reine und gemischte Wacholdervorkommen (in Zentral-Nepal z. B. mit *Abies webbiana* oder *Cedrus deodara*) bewohnt, als auch lichten Buschwald mit *Abies*, *Rhododendron*, *Juniperus*, *Betula* und *Berberis*, ebenso *Abies*-Wald mit Zwergbambus bei 3400—4100 m; die häufigsten Aufenthaltsorte im Khumbu liegen im Bereich von *Abies webbiana*-Vorkommen bei 3700—4000 m (WHISTLER 1924, 1925, 1926a; LUDLOW 1944, JONES 1948, PROUD 1953, LOWNDES 1955, DIESSELHORST 1968).

In Sikkim (ALI 1962) besiedeln sie etwas mehr den Höhenbereich von ca. 2590—4267 m; tatsächlich können sie in Zentral-Nepal auch höher als 4100—4200 m steigen (DIESSELHORST 1968).

Baumartige Wacholderbestände in der Kontaktzone mit Fichtenwäldern besiedeln sie zur Brutzeit in Ost-Tibet bei 3200—4200 m, stellenweise bis 4500 m, häufiger bei 3500 m (JACOBI 1934, SCHÄFER 1938), aber ebenso Wacholdergestrüpp oberhalb der Baumgrenze (LUDLOW 1951).

Das Habitat, in dem dieser Kernbeißer im Ost-Nanschan, in den Sino-Tibetischen Gebirgen und an den Nordhängen des Kuenlun lebt, ist sehr ähnlich: Wälder aus baumartigen Wacholdern im oberen Berggürtel und angrenzende Ränder von Tannenwäldern von 2438—3353 m (PSRHEWALSKIJ 1876, KOZLOW 1899, BEREZOWSKIJ u. BIANCHI 1907, BIANCHI 1915, BANGS u. PETERS 1928, LUDLOW u. KINNEAR 1933, STRESEMANN et al. 1937). In Szechuan, im Jünnan-Hochland und im nördlichen Burma, wo Brut auch möglich ist, kommt der Kernbeißer von 3048—3657 m und zwar bis 4846 m vor (RILEY 1931, STANFORD u. TICEHURST 1938). Im Zentral-Alaschan, wo Wacholderbestände sehr selten sind, besiedelt er hauptsächlich die obere Zone der Tannenwälder (PRSHEWALSKIJ 1876, BIANCHI 1915).

Optimale Lebensbedingungen gibt es im Tienschan, wo er praktisch alle Gebirgszüge besiedelt, auf denen sich eine liegende Form von Wacholder (*J. turkestanica*) bei 2200—3200 m ausgebreitet hat, am zahlreichsten aber in der Zone der maximalen Entwicklung des Wacholders und der Übergangsstufe Wacholder-Fichten (*Picea schrenkiana*)-Lichtwälder (2600—2900 m), wo dem Nadelwald Heckenkirsche, Heckenrose, manchmal Vogelbeere, beigemischt sind (ZARUDNYJ u. KOREEW 1906, SCHESTOPEROW 1929, LUDLOW u. KINNEAR 1933, SCHNITNIKOW 1949, STEGMANN 1954, KORELOW 1956a, PORTENKO 1961, DOLGUSCHIN et al. 1968a, b, KOWSCHARJ 1972, SUDILOWSKAJA 1973, GAWRILOW 1974, NEUFELDT et al. 1978). Wo in einzelnen Gebirgen des Tienschansystems baumartiger Wacholder vorkommt, lebt er gewöhnlich an dieser oberen Grenze, die aber in die Zone des Krüppelwacholders übergeht. Im Talasskij Alatau brüten sie z. B. im Jahr mit größter Samenmenge nicht nur in Krüppelwacholder, sondern auch in Baumwacholder bei 1900 m (SCHULPIN 1953); im zentralen Kirgisen-Gebirge aber ziehen sie auch Wälder aus Baumwacholder bei 1800—2400 m dem Kriechwacholder und den Fichten vor (KUZNECOW 1962).

In den Gebirgszügen des Alai-Systems schließlich, wo Fichtenwälder praktisch fehlen, ist die Art nur an Wacholderwälder gebunden, hauptsächlich aus verschiedenen Formen (Baum- und Strauchformen) von *J. turkestanica*, aber er lebt auch in Wäldern aus *J. seravschanica* und *J. semiglobosa* bei 2000 bis 3000—3100 m (DAL 1936, KUZNECOW 1958, MEKLENBURCEW 1958, POPOW 1959, ABDUSALAMOW 1964, IWANOW 1969).

Die Vermehrung dieser Art fällt hauptsächlich in die Periode von Mitte Mai bis Juli (ZARUDNYJ u. KOREEW 1906, WHITEHEAD 1909a, WHYMPER 1910, MEINERTZHAGEN 1920, JACOBI 1924, WHISTLER 1924, SUDILOWSKAJA 1936, STRESEMANN et al. 1937, KORELOW 1956a, STEPANJAN 1959, JANUSCHEWITSCH et al. 1960, KUZNECOW 1962, ABDUSALAMOW 1964, DIESSELHORST 1968, DOLGUSCHIN et al. 1968a, b, KOWSCHARJ 1972, 1979, GAWRILOW 1974, NEUFELDT et al. 1978). Diese Zeitspanne kann allerdings im gleichen Gebiet stark ausgedehnt sein, was durch einen uneinheitlichen Brutbeginn an den einzelnen Gebirgshängen (im Zailijskij Alatau z. B. beginnt an den Südhängen die Brut 1—1½ Monate eher als an Hängen mit anderer Exposition; DOLGUSCHIN et al. 1968a, b) und auch durch das unterschiedliche Alter der Vögel und dem Zeitigen von Nachgelegen nach Verlust der Nester bedingt ist. Besonders frühe Gelege entstehen in den trockenen Gebirgen Turkmeniens und Irans (in Dergez bemerkte ZARUDNYJ 1896 am 26. 5. bereits fliegende Junge), aber auch im West-Tienschan, im Talasskij Alatau, von Mitte März bis Anfang April (KOWSCHARJ 1966).

Bekannt sind auch einige Fälle von sehr späten Bruten im August und bei einzelnen Paaren Anfang September, was auf ein zweites normales Gelege pro Saison schließen läßt. Diese Tatsache wurde 1974 von KOWSCHARJ (1977) im Zailijski Alatau nachgewiesen, als ein Paar das erste Gelege vom 6.—7. 5., das zweite vom 3.—4. 7. machte, während ein anderes Paar das erste Gelege im Juni, mit dem zweiten am 10. 8. begann. Überhaupt kann die Vermehrungsspanne am gleichen Ort und im gleichen Jahr sehr verschieden sein. DOLGUSCHIN et al. (1968a, b) konstatierten im Zailijskij Alatau 1964—1965 ein starkes Ausdehnen des Brutbeginns (von Anfang Mai bis Ende Juli) mit zwei Höhepunkten im Mai und Juni: 1966 bis 1969 begannen die Vögel recht einheitlich mit der Brutperiode, später aber nur im Juni, einzelne Anfang Juli (GAWRILOW 1974, NEUFELDT et al. 1978); während sich die Brutperiode 1974—1976 von Anfang Mai bis Ende August hinzog, gab es zwei Höhepunkte beim Gelegeanfang (Anfang Juni und dritte Dekade Juli), einzelne Gelege auch Anfang September (KOWSCHARJ 1979).

Das Nest ist ein kompakter, innen akkurater Bau mit recht tiefer Mulde (im Unterschied z. B. zu *Coccothraustes*), ausgelegt mit den charakteristischen rötlichbraunen Rindenfasern vom Wacholder. Die äußere Schicht ist sehr locker aus Zweigen von Wacholder, Geißblatt, Spierstrauch, Fichte, mit Beimischung von Grashalmen und manchmal etwas Fell, gebaut. Das Material und der Bau des Nestes sowie seine Lage sind im ganzen Areal einheitlich. Geringfügige Abweichungen entstehen durch die unterschiedliche Flora des jeweiligen Gebietes.

Als Art, die an eine recht schmale Hochgebirgszone mit Koniferen gebunden ist, baut *M. carnipes* das Nest ausschließlich auf diese Pflanzen. Sehr oft liegt es in Wacholderbeständen von Strauchformen in 0,3—1,8 m vom Boden und auch auf Baumformen in 1,4—2,5 m Höhe; in der Übergangszone des Subalpinums und der Waldzone vorwiegend in nicht hohen Fichtenwäldern (Tienschan) bei 0,4—17,0 m oder in anderen Nadelwäldern, z. B. in Nepal in kleinwüchsigen *Abies webbiana* und *Deodara* nicht höher als 2 m vom Boden (ZARUDNYJ u. KOREEW 1906, WHITEHAED 1909a, WHYMPER 1910, MEINERTZHAGEN 1920, JACOBI 1924, STRESEMANN et al. 1937, STEPANJAN 1959, ABDUSALAMOW 1964, KOWSCHARJ 1966, 1972, 1979, DOLGUSCHIN et al. 1968a, b, GAWRILOW 1974, NEUFELDT et al. 1978). Bekannt sind nur zwei Fälle, in denen Nester auf Laubbäumen angebracht waren: In Garhwal in Birke (WHYMPER 1910) und im Zailijskij Alatau in Berberitze (KOWSCHARJ 1979). — Eier: Im Vollgelege meistens 3, mitunter 4, nur in Einzelfällen 2 oder 5 Eier. Ausführliches über die Gelegegröße in den einzelnen Gebieten in bestimmten Jahren, sowie über Maße und Farbe der Eier s. bei ZARUDNYJ u. KOREEW 1906, WHITEHEAD 1909a, WHYMPER 1910, MEINERTZHAGEN 1920, STRESEMANN et al. 1937, STEPANJAN 1959, JANUSCHEWITSCH et al. 1960, ABDUSALAMOW 1964, KOWSCHARJ 1966, 1972, 1979, DOLGUSCHIN et al. 1968a, b, GAWRILOW 1974, NEUFELDT et al. 1978.

Weitverbreitet kursiert in der Literatur die unrichtige Meinung über die Teilnahme des Männchens am Bebrüten des Geleges und das angebliche Vorhandensein eines Brutfleckes bei ihm (JANUSCHEWITSCH et al. 1960, DOLGUSCHIN et al. 1968a, b, GAWRILOW 1974). In Wirklichkeit brütet bei *Mycerobas carnipes* wie auch bei anderen Kernbeißern nur das Weibchen (ABDUSALAMOW 1964, NEUFELDT et al. 1978, KOWSCHARJ 1979), nur bei ihm entwickelt sich der Brutfleck, was auch DIESSELHORST (1968) beobachtete.

Mycerobas carnipes lebt von pflanzlicher Nahrung und ist im Futter auf die Kernchen der Wacholdersamen spezialisiert, die er mit Hilfe seines mächtigen Schnabels aus den sehr festen Hüllen der Samen, die in Zapfenbeeren eingeschlossen sind, herausholt. Dank reichlichen Fruchtens und langer Reifezeit (die Zapfenbeeren fallen zwei bis drei Jahre nicht ab) versorgt der Wacholder das ganze Jahr über die Vögel mit Futter und stellt die Grundnahrung, manchmal sogar die einzige Futterquelle, im größten Teil des Areals dar (PRSHEWALSKIJ 1876, ZARUDNYJ 1896, MARSHALL 1902, MEINERTZHAGEN 1920, BANGS u. PETERS 1928, SCHESTOPEROW 1929, 1937, SCHÄFER 1938, SCHULPIN 1953, RUSTAMOW 1958, POPOW 1959, STEPANJAN 1959, JANUSCHEWITSCH et al. 1960, ALI 1962, KUZNECOW 1962, ABDUSALAMOW 1964, GAWRILOW 1974, NEUFELDT et al. 1978). Im Tienschan und in den Gebirgen des Alai-Systems sind es hauptsächlich Samen von *Juniperus turkestanica*, seltener von *J. seravschanica*, in Turkmenien und Iran von *J. polycarpus*.

Auch die Nestjungen fressen hauptsächlich von den Samen des Strauchwacholders, obgleich ihnen auch Insekten und Grassamen gefüttert werden, die aus der Nähe und manchmal aus der alpinen Zone, mitten aus den Felsen, stammen. Am Brutort halten sie sich noch Ende des Sommers bis Anfang Herbst auf (im Zailijskij Alatau August — Anfang September) und fressen sehr gern die Samen der Eberesche, die sie aus den Beeren herausholen (SCHESTOPEROW 1929, JANUSCHEWITSCH et al. 1960, KUZNECOW 1962, KOWSCHARJ 1979). Im Spätherbst und im Winter fressen die in der Fichtenwaldzone verbleibenden Vögel die Samen der Fichte *Picea schrenkiana*, die sie sich aus den an den Bäumen hängenden Zapfen verschaffen, was KOZLOW (BIANCHI 1907) in Gansu und SCHREDERS (1947) im Zailijskij Alatau im Tienschan beobachteten. Im Alaschan, wo Wacholder selten vorkommt, fressen sie hauptsächlich Fichtensamen (PRSHEWALSKIJ 1876). Im Frühling, im April und einen großen Teil des Mai, spielen Fichtensamen, die auf den Schnee gefallen sind oder auf schneefreier Erde liegen, eine bedeutende Rolle in der Futterration. Auf die Fichte verzichten die Vögel auch später nicht: Ende Mai, Anfang Juni nagen sie die Blütenknospen an, im Juli auch die Spitzen der Jungtriebe (NEUFELDT et al. 1978, KOWSCHRAJ 1979). In Jahren mit Wacholdermißernte steigen die Vögel nach der Brutperiode in die Zone der Laubwälder der Vorgebirge und Bergtäler hinab und stellen ihre Nahrung auf Samen um, die die Beeren und Früchte verschiedener Laubbäume und -sträucher enthalten: Berberitze, Heckenrose, Bergkirsche, Weißdorn, Faulbaum, Johannisbeere, Apfel, Eisenbaum, Zürgelbaum, Felsenmispel. Sanddorn, Kirschpflaume, Traubenkirsche, Hartriegel usw. (STEGMANN 1954, POPOW 1959, MEKLENBURCEW 1958, PEK u. FEDJAKINA 1961, KUZNECOW 1962, ABDUSALAMOW 1964, GAWRILOW 1974, KORSCHUNOW 1981). In Nord-Burma fraßen sie im August „on *Gaultheria* berries“ (STANFORD u. TICEHURST 1938). Ein Wacholderkernbeißer, der im Februar nördlich des Brutgebietes, im Altai, gefunden wurde, fraß Zirbelnüsse (TERNOWSKIJ 1956).

Wanderungen

Standvogel, der in besonders strengen schneereichen Wintern und bei Mißernten des Wacholder Vertikalstreifzüge unterschiedlicher Entfernung ausführt, aber in der Mehrzahl der Fälle nicht über die Gebirge hinaus in die Ebene geht. Schon zu Ende der Brutzeit beginnen die Wacholderkernbeißer herumzustreifen, wobei sie im Herbst anfangs in die Hochgebirge wandern, oft wenig höher als die Brutorte gelegen. Danach verbringt die Mehrzahl den Winter in der Wacholderzone oder an der oberen Grenze der Fichtenwälder; ein Teil der Vögel streift niedriger, bis 1300 m in Tadshikistan (POPOW 1959), bis 1000 m in Kazachstan und Kirgisien; in manchen Jahren erschienen sie aber auch in den Vorgebirgsebenen, wo sie in Gärten und Siedlungen angetroffen wurden, ebenso in Alma-Ata (BORODICHIN 1968), Frunze (SPANGENBERG u. STEPANJAN 1958, Prshewalsk (SCHNITNIKOW 1949) usw. Von der Peripherie des Areals entfernen sie sich im Winter 150—200 und mehr Kilometer von den Brutplätzen, halten sich aber an die Gebirgslandschaft gebunden: Beobachtet im Tschu-Ilijskij-Gebirge und auf dem Tschulak-Gebirgsrücken (GAWRILOW 1974); von Oktober bis März in den Strauchdickichten des Tschujskij-Tales (UMRICHINA 1970); 1978 überwinterte ein Schwarm vom 11. 2. bis 22. 3. am Nordhang des Nuratau (KORSCHUNOW 1981); 1954 einige streifende Exemplare am 2. 2. in der Zirbel-Tannen-Taiga bei 1100 m (sehr weit entfernt von den nächsten Brutplätzen im Saur-Gebirge im Nordost-Altai, an der Wasserscheide von Sary-Kokscha und Kara-Kokscha erlegt (TERNOWSKIJ 1956).

ERGÄNZUNGEN UND KORREKTUREN:

Nepal: Nach Überprüfung der von I. A. NEUFELDT fixierten Fundorte durch MARTENS (brfl. 1985) machen sich Änderungen erforderlich, die aus technischen Gründen auf der Verbreitungskarte nicht mehr berücksichtigt werden konnten.

33. Daulagiri-Kette	unrichtig; entfällt
34. Annapurna-Kette	ist östlicher einzutragen bei 84°E
36. Khumbu: Khumjung usw.	Beide Punkte liegen dicht beieinander. P. 37 ist demnach
— Tanga (= P. 37)	besser als Beipunkt einzuordnen.

Neu einzufügen sind folgende Fundorte:

I. Paß Ting Sang La A (14.IV.)	A	MARTENS (brfl. 1985). Einzufügen zw. P. 36 u. 35 (86°E, S 28°N)
II. Thaksang (Tukuche; Ende IV.)	A	s. o. (30 km W P. 34.)
III. Dhorpatan (16.IV.)	A	s. o. (110 km SW P. 34.)
IV. Ringmo (Phoksumdo-See; 12.VI.)	A	s. o. (130 km NW P. 34.)

Mit den Punkten II, III, IV schließt sich die Verbreitungslücke nach Westen weitestgehend.

E. v. V.

XIII

1986

Strix butleri Hume

bearbeitet von

K. WUNDERLICH

FUNDORTLISTE

Fundort		Quelle
1. Sinai Mts.	A	Tristram 1879
– nahe Katharinenkloster (Netzfang), 17. V. 1970	A	Mendelssohn, Tom-YoV u. Safriel 1975, Coll. Zool. Mus. Tel-Aviv Univ.
2. Wadi Feiran	A	Meinertzhagen 1954
(I. 1864)		Meinertzhagen 1930 fide Wyatt
(IX. 1911)		Meinertzhagen 1930 fide Schrader
(31. III. 1914)		Meinertzhagen 1930 fide Phillips
(III. 1928)		Meinertzhagen 1930
3. Wadi Watir, W Nuweiba ca. 60 km SW Eilat (5. IX. 1976)		Coll. Zool. Mus. Tel-Aviv Univ.
– Kibbuz Elot nahe Eilat (12. IV.)		Heinze 1981
4. bei En Avdat (= Ein Avedat)	↓	Leshem 1979
5. zentraler Negev (Raum Sede Boqer, etwa 40 km S Be'er Sheva)	A	Mendelssohn, Tom-YoV u. Safriel 1975
6. Wadi Mashash, rd. 20 km S Be'er Sheva (31. V. 1978)		Coll. Zool. Mus. Tel-Aviv Univ.
7. bei Arad		Leshem 1979
8. bei Neot ha Kikar (3. III. 1982)		Coll. Wildl. Res. Center Tel-Aviv Univ.
9. bei Engedi (= En Gedi = Ein Gedi), 21. I. 1979		Leshem 1979, Coll. Wildl. Res. Center Tel-Aviv Univ.
(11. X. 1979)		Coll. Wildl. Res. Center Tel-Aviv Univ.
(21. VII. 1980)		Coll. Wildl. Res. Center Tel-Aviv Univ.
– auf Straße En Gedi-Sodom	↓	Leshem 1979
10. hills Jerusalem		Vaurie 1965
11. Wadi Kelt (= Wadi Quilt), zw. Jerusalem u. Jericho		Meinertzhagen 1954, Coll. Zool. Mus. Tel-Aviv Univ.
– Wadi Suweinit (etwa 10 km W Jericho)		Vaurie 1965
– En Fara (oberes Wadi Kelt, ca. 12 km W Jericho)		Vaurie 1965
12. diverse Stellen in Tälern, die ins untere Jordan-Tal u. ins Tote Meer entwässern	Ac	Aharoni 1931, Mendelssohn, Tom-YoV u. Safriel 1975
– Wadi Fanwar (= Ein el Fawwar), 22. III.		Coll. Zool. Mus. Berlin
– Wadi Fasayil (= Nahal Phatzael), ca. 20 km N Jericho	A	Leshem 1979
13. Wadi Maan al-Aqaba (10 km S Aqaba)	↓	Steinbacher 1979 fide Kinzelbach
14. Westabdachung d. Jabal Sawdach (23. I., 17. IV.)		Jennings 1978 in litt. an Mikkola (fide Schönn 1982)
15. Mussajidd		Jennings 1981
16. Mahd Dhahab-Goldbergwerk (ca. 290 km NE Jedda), 16. VIII.		Meinertzhagen 1954
17. Jebel Suda		Jennings 1981
18. Buraydach		Jennings 1981
19. 70 km SW Riad (27. I.)		Jennings 1978 in litt. an Mikkola (fide Schönn 1982)
20. felsige Wadis u. Kliffs d. Tuwayq-escarpment	BJ	Jennings 1980
21. Omara (= Ormarra), Mekranküste	↓ A	Hume 1878

Anmerkungen

Zu P. 4:

Bei En Avdat Totfund.

Zu P. 9:

Auf der Straße En Gedi-Sodom wurden 2 überfahrene Fahlkäuze gefunden.

Zu P. 13:

Erstnachweis für Jordanien. Gründet sich auf Fund von Federn in dem nahezu vegetationsfreien schluchtartigen Wadi östlich der neuen Meeresstation der Universität Amman. Mendelssohn hat später bestätigt, daß es sich um solche von *S. butleri* handelt.

Zu P. 21:

Zu den Umständen, unter denen der Typus erlangt worden ist, sind keinerlei Details bekannt. Hume (1878) glaubte („I believe from Omara ... "), daß der Balg, den ihm Butler durch Nash verschafft hatte, von der Mekranküste stammt – dieser Vorbehalt ist später in fast allen einschlägigen Kompilationen unbeachtet geblieben.

LITERATUR

Aharoni 1931 — Beitr. Fortpfl.-Biol. Vögel 7, 224.
Heinze 1981 — Gli uccelli d'Italia 6, 238, 246.
Hume 1878 — Stray Feathers 7, 316–318.
Jennings 1980 — Breeding Birds of Central Arabia. 74.
Jennings 1981 — Birds of Saudi Arabia: a Check-list. Whittlesford. 41, 48.
Leshem 1974 — Teva Va Aretz 16, 66–67.
Leshem 1979 — Natur u. Museum 109, 375–377.
Leshem 1981 — Sandgrouse 2, 100–101.
Meinertzhagen 1930 — Nicoll's Birds of Egypt. II. London. 361–362.
Meinertzhagen 1954 — Birds of Arabia. Edinburgh-London. 320.
Mendelssohn, Tom-YoV u. Safriel 1975 — Ibis 117, 110–111.
Steinbacher 1979 — Natur u. Museum 109, 375.
Shirihari 1984 — Brit. Birds 77, 613–614.
Trisram 1879 — Stray Feathers 8, 416–417.
Vaurie 1965 — Birds palearct. Fauna. Non-Passeriformes. London. 619.

Briefliche Auskünfte erteilten: Kumerloeve (Arabien), Mendelssohn (Israel).

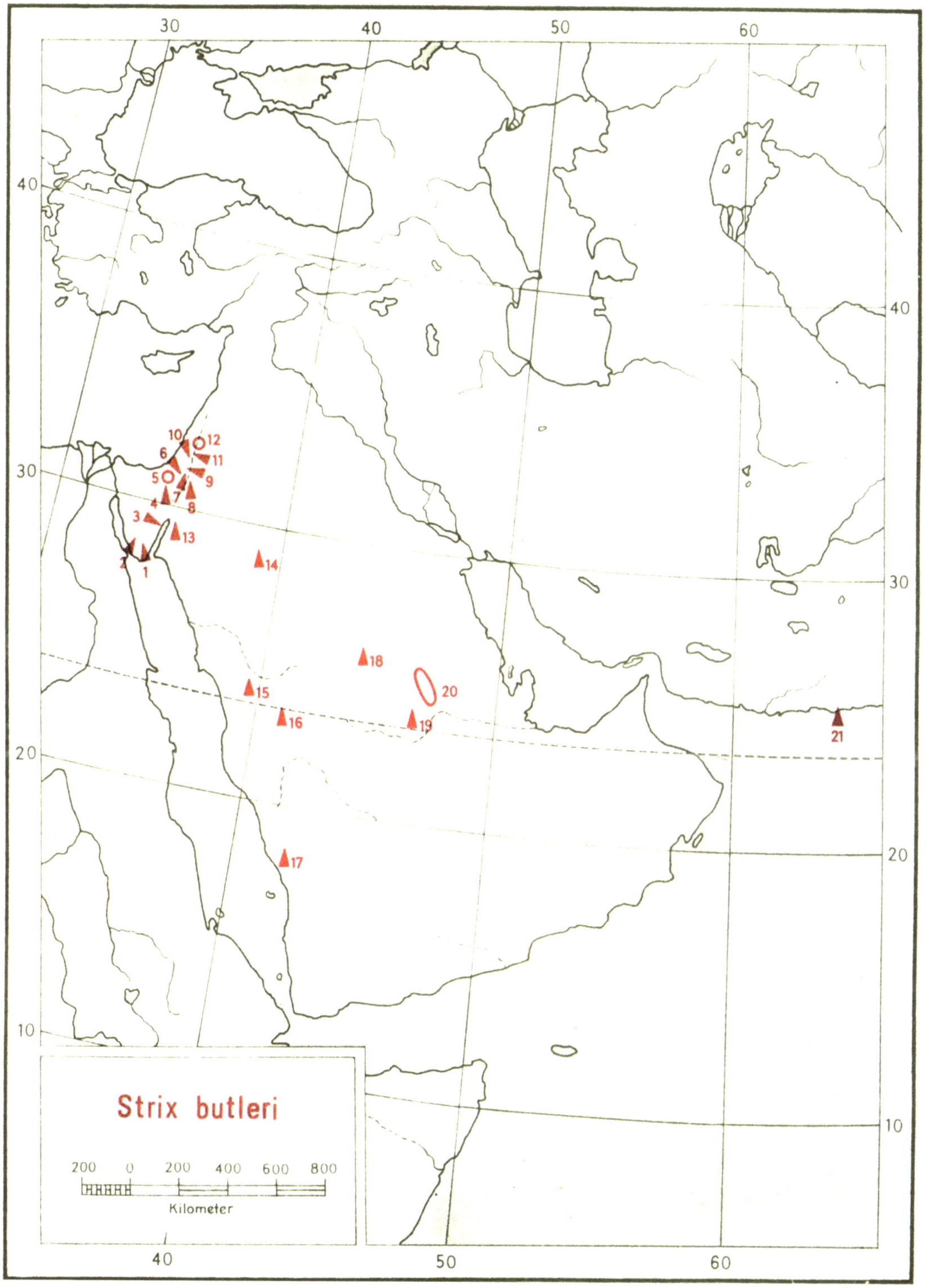
Strix butleri
200 0 200 400 600 800
Kilometer

Strix butleri Hume

Fahlkauz, Wüstenkauz

Verbreitung

In Sammlungen noch immer rar, über Jahrzehnte von nur wenigen Stellen auf dem Südsinai, im unteren Jordantal und am Toten Meer bekannt, vom merkwürdig abseits gelegenen Fundort des Typus-Exemplars (vgl. Anm. zu P. 21) abgesehen. Erst in jüngerer Vergangenheit sind weitere Begegnungen und Fundorte publiziert worden, so Syrien (Vaurie 1965), Jordanien (vgl. Anm. zu P. 13), auf der Arabischen Halbinsel (Jennings brfl. 1980, 1981). Leshem (1981) vermerkt für Israel und Sinai 31 Beobachtungen. Insofern kann angenommen werden, daß dieser Kauz als Brutvogel in Nahost ein größeres Areal besiedelt, als bislang präzis belegbar (vgl. auch bei Shirihari, 1984). Gleichwohl steht kaum zu erwarten, daß sich dadurch ein Areal „rundet"; die Habitatpräferenz des Vogels (vgl. „Oekologie") bringt zerstreutes Vorkommen zuwege, wenn er auch lokal, vielleicht sogar regional, nicht so selten auftritt, wie bisher angenommen wurde (vgl. Leshem 1981; auch Mendelssohn brfl. 1983). Mendelssohn hält dies in den Tälern am unteren Jordan und am Toten Meer für wahrscheinlich. Diese relativ schmale empirische Basis für unsere ökographische Arbeit hat uns bewogen, die brutzeitbezogene Dokumentierung ausnahmsweise zu vernachlässigen und alle Fundorte von *S. butleri* auf unsere Karte zu bringen, deren wir durch Literaturstudium und Korrespondenz habhaft zu werden vermochten. So zu verfahren, schien um so berechtigter, als wir nirgendwo auf einen Hinweis gestoßen sind, daß dieser Kauz saisonal streift oder gar regelrecht wandert. Seine Stenotopie dürfte nahezu perfektes Ortsstetsein bewirken, das auch klimatisch ganzjährig begünstigt ist.

Oekologie

Sehr wenig bekannt. Mendelssohn (1975) resümiert für den unteren Jordan und die Uferregion des Toten Meeres: „In Schluchten, in denen sich Wasser hält, entweder in Form von Quellen oder länger bestehenden Regenwasseransammlungen, kann sein nächtlicher Ruf im Februar und März gehört werden ..." Andere Autoren nennen wildzerklüftete Kalkfelsen, aufragende Sandsteinriffe, spalten- und höhlenreiche Kliffs, Basaltklippen und vergleichbare Felsenformationen mit benachbarten oder umschlossenen Palmenhainen, Oasen als ständigen Aufenthaltsort und Neststandorte. Leshem (1974 u. 1979) fand und fotografierte die Art 1973 erstmals in Brutplatznähe (P. 12 — Wadi Fasayil). Jennings (1980) fing 1 juv. Mitte Juli (1975) in Zentralarabien und registrierte die der des Waldkauzes ähnelnde Rufreihe meist im März und April.

Gewölle enthielten Reste des Jericho-Skorpions (*Nebo hierochonticus*), der Stachelmaus (*Acomys dimitiatus*) und einer Feldheuschrecke der Familie Acrididae. Der Magen eines Sinai-Kauzes barg die Rennmaus *Gerbillus dasyurus*, der eines im Negev tot aufgefundenen Überreste von Schwarzkäfern (Tenebrionidae). Westlich des Toten Meeres wurde ein Fahlkauz beim Verschlingen eines kleinen Geckos beobachtet, der an einem Müllhaufen erbeutet worden war. Nach Leshem (1981) enthielten 52 Gewölle, die im März 1978 an 2 Schlafplätzen im Wadi Nekarot aufgesammelt wurden, die Überreste von 101 Beutetieren: 48 Säugetieren (*Gerbillus, Meriones, Sekeetamys, Acomys, Crocidura*), 3 Reptilien (u. a. *Ptyodactylus*), 3 Vögeln (u. a. *Ammomanes*) und 47 Arthropoden (u. a. *Sphodromerus, Nebo*).

XIII

1986

Larus brunnicephalus Jerdon

bearbeitet von

I. A. NEUFELDT und K. WUNDERLICH

Nachttemperatur unter 0 °C fallen kann. So erbrachten 1977 nur ca. 58% der Eier letztlich flügge Jungmöwen (Zubakin 1982).

Zur Nahrung: Charakteristische Nahrungsplätze im Karakulj-Talkessel sind sommers das Flachwasser vor dem Ufer und die Uferzone des Sees, die Mündungen kleiner Flüsse, salzige Lachen und andere seichte Wasseransammlungen in Seenähe, ferner einige, die ein paar hundert Meter vom See entfernt und an denen selbst über Land fliegende Möwen gewöhnlich nicht anzutreffen sind. Die Vögel entfernen sich dann über solche Distanzen, indem sie den Tälchen der in den See mündenden Fließgewässer folgen (Zubakin 1982). Nach Angaben dieses Autors charakterisieren Gewölle, in den Kolonien zwischen 18. Juni und 13. Juli gesammelt, die hauptsächliche Zusammensetzung der Nahrungspalette in jener Periode: 81,5% enthielten Reste vom einzigen hier lebenden Fisch, der Karakulj-Schmerle (*Nemachilus lacusnigri*), 59,3% Wirbellose, überwiegend terrestrische; nicht selten wurden erwachsene fliegende Insekten gefangen, im wesentlichen Chironomiden.

Moltschanow und Zarudnyj (1915) fanden wie auch Potapow (1966a, b) in den Mägen von Karakulj-Möwen neben Fischen im wesentlichen Imagines von Köcherfliegen (*Astratus alaicus*) und Flohkrebse (Amphipoda). Am Zorkulj, wo sich Tibet-Lachmöwen nach der Brutzeit einfinden, manchmal zur Nahrungssuche auch im Sommer, spielt Fisch die Hauptrolle, und zwar der barbenähnliche Nagorez (*Schizopygopsis stoliczkai*) — Potapow (1966b).

Ali und Ripley (1969) führen Fische, Fischabfälle, Garnelen, Larven, Schnecken, Regenwürmer, Getreideschößlinge, organisches Treibgut in städtischen Abwässern auf.

Wanderungen

Zugvogel. Wandernd außerhalb der Brutzeit und winters erwähnt nördlich bis Kashgar, Tarim-Becken und Südgobi. Von August/September bis März/April an den Meeresküsten Pakistans, Indiens, Sri Lankas, Bangla Deshs. Analog in Burma, Thailand, Indochina, Malaya, gelegentlich China. Dann und auf dem Weg- und Heimzug oft an großen Binnenseen und -flüssen. Nicht erwähnt von den Andamanen, Nikobaren, Malediven oder Lakkadiven. Insofern scheint winterlicher Aufenthalt nicht weit „off-shore" schlüssig. Küstenlagunen, Brackgewässer, Gezeitentrichter, Ästuarien sowie die Nachbarschaft von Fischerdörfern und Häfen werden bevorzugt. Auch im Winterquartier Sri Lanka hält sie sich strikt an die Seeseite, nahegelegene Haffe und Deltas und geht kaum jemals weit ins Binnenland (vgl. Sharpe 1891, La Touche 1931—1934, Smythies 1953, Deignan 1963, Vaurie 1965, Ali u. Ripley 1969, Henry 1971).

Am Karakulj (Pamir) erscheinen die ersten Ende April. Nach Abschluß des Brutgeschäftes im September wird an mehr Nahrung spendende Pamir-Plätze übergewechselt, beispielsweise in bedeutenden Zahlen mit *L. ichthyaetus* und *L. ridibundus* an den Zorkulj. Nomadisierende Stücke kommen zuweilen auch im Sommer dorthin. Meklenburcew (1936) registrierte am 29. August 15—20 Exemplare am Jaschilkulj, im Herbst besuchten einige den Fluß Alitschur (Coll. Zool. Inst. Leningrad). Der sowjetische Pamir wird im Oktober verlassen (Potapow 1966b).

S Gyantse sind die ersten Möwen am 15. März, die spätesten am 30. Oktober beobachtet worden (Ludlow 1927).

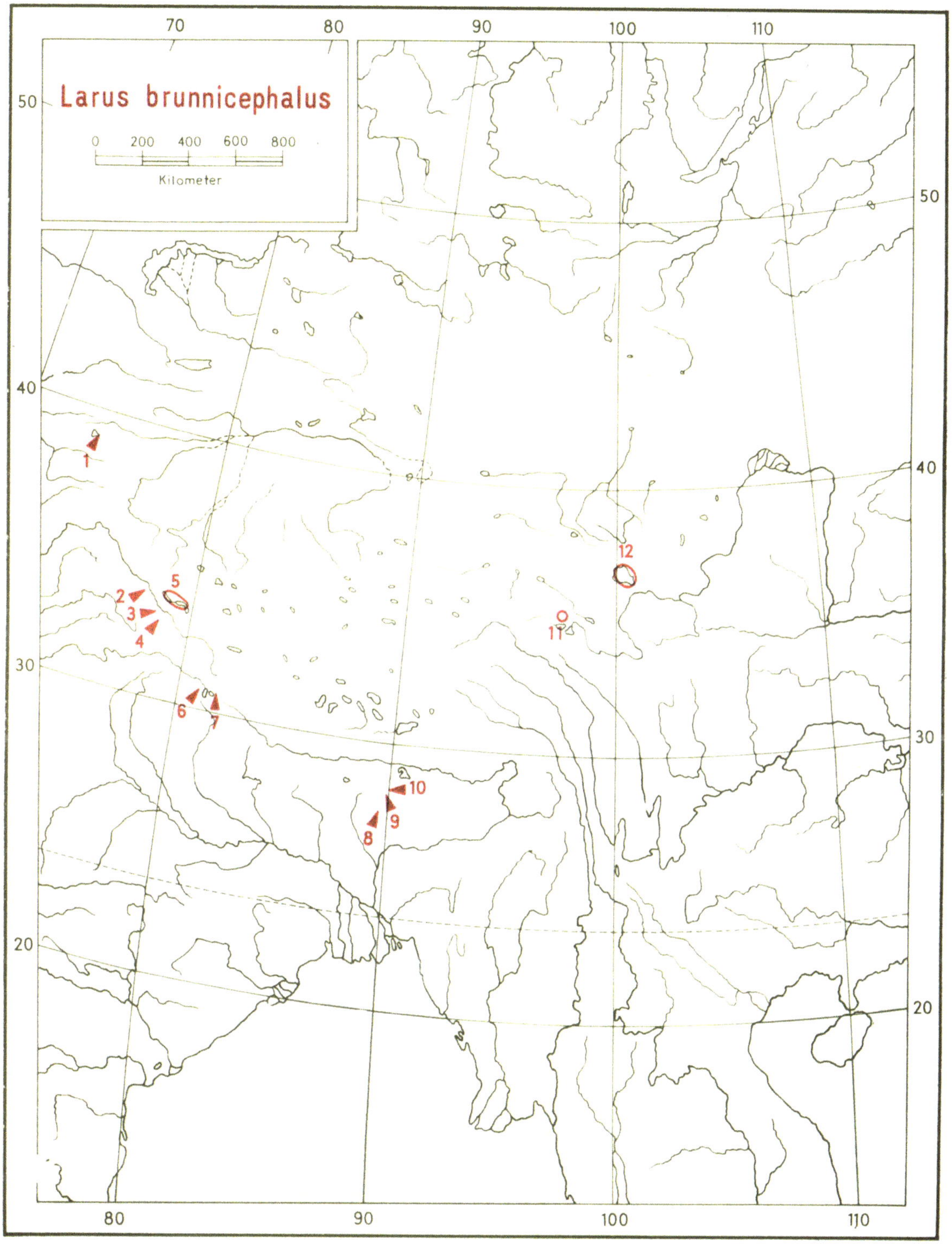
Larus brunnicephalus
0 200 400 600 800
Kilometer
70
80
90
100
110
50
40
30
20
1
2
3
4
5
6
7
8
9
10
11
12

Larus brunnicephalus Jerdon

Tibet-Lachmöwe

Verwandtschaft und Verbreitung

Wahrscheinlich mit der neotropisch-afrikanischen Graukopfmöwe *L. cirrocephalus* Vieillot verwandt, mit der sie Dwight (1925) in der besonderen Untergattung *Cirrocephala* vereinigte, vgl. auch Vaurie (1962).

Kozlowa (1952): „Die Verwandtschaftsverhältnisse von *L. brunnicephalus* zur Gruppe von Möwen außerpaläarktischer und sehr weiter Verbreitung, die ihre Vertreter auf den Festländern von Afrika, Südamerika und Australien haben (sowohl an Binnengewässern als auch Meeresküsten), bezeugen die Altertümlichkeit dieser Gruppe, insbesondere auch unserer paläarktischen Art. Die aszendente Form *L. brunnicephalus* besiedelte tibetisches Gebiet wahrscheinlich von Süden her und lebte möglicherweise an den Küsten des asiatischen Teils des Tertiärmeeres noch zu Beginn des Neogäns."

Herkömmlicher Charakterisierung zufolge ist die Tibet-Lachmöwe als Brutvogel über das hohe Zentralasien (ganz Tibet) verbreitet — vom Pamir im Westen, Kuen-lun im Norden, von der Kukunor-Region und Chamdo im Osten bis in die alpine Zone des Himalaya (Ladakh bis Seenplatte E Gyantse) nach Süden. Unser Kartenbild veranschaulicht, daß Belege für dieses Verbreitungsmuster aus jüngster Vergangenheit fast fehlen. Chengs Karte von 1976 stützt sich nahezu ausnahmslos auf älteres Material. Wiederum scheint auf, daß Hochtibet und sein Nordwest- bis Nordostrand avifaunistisch-zoogeographisch bis heute unzureichend bekannt bzw. erforscht sind.

Über Erhebungen jüngeren Datums verfügen wir lediglich vom Osten und von der NW-Peripherie des Areals auf sowjetischem Territorium. Dort existiert 1 Brutplatz — der See Karakulj im östlichen Pamir. 1962 fand Potapow (1966a, b) 2 Kolonien mit je ca. 50 Brutpaaren. Bei umfassender Revision dieses Sees 1977 (Zubakin et al. 1981, Zubakin 1982) wurden 4 Kolonien mit zusammen 331 Nestern angetroffen.

Oekologie

Die Biologie der Art ist noch wenig untersucht worden. Insofern kommt den Beobachtungen Potapows und Zubakins im Pamir Schlüsselwert zu. Nisthabitat am Karakulj sind kleine Inseln in Ufernähe, die entweder überschwemmte alte Moränenzüge oder Überreste einstigen Ufers, also verschütteter Strandwälle, darstellen. Der See liegt 3914 m hoch und hat bitter-salziges Wasser. Seine Fauna ist arm und besteht überwiegend in Mollusken, Muscheln und Zuckmückenlarven. Fische fehlen: Lediglich, wo Flüßchen münden, lebt eine Art.

Die Möwennester sind auf den Inseln nahezu zentral plaziert, in Saumlage am Wasser brüten *Sterna hirundo tibetana* und *Anser indicus*. Als Baustoffe dienen Grashalme (*Hordeum*), Laichkraut und anderes vom Wellenschlag ans Ufer geworfenes Pflanzenmaterial.

Einige Nester sind ziemlich locker, andere „akkurater" und kompakter (Potapow 1966a). In Kolonien angelegt, waren sie 0,27—17 m voneinander entfernt, durchschnittlich (n = 177) 1,08 m (Zubakin 1982). An Hochplateau-Seen in Ladakh standen die Nester auf uferseitigen grasigen Erhebungen über sumpfigem vernäßtem Grund, auf halbflottierenden Sumpfgrashügeln oder Inselchen. Distanzen: Einander fast berührend bis wenige Meter auseinander (Ludlow 1928, Ali 1946, Ali u. Ripley 1969). Maclaren (1948) beschreibt analoge Verhältnisse für den Hram Tso (SE-Tibet).

Die Brutzeit der Karakulj-Möwen beginnt nach Beobachtungen Potapows (1966a, b) Ende Mai, etwa einen Monat nach ihrer Ankunft. Zu diesem Zeitpunkt ist der See noch mit Eis überzogen, freies Wasser nur an den Ufern; die Nachttemperaturen fallen bis auf 20 °C unter Null. Dennoch heizt die Sonne den Boden an den Nistplätzen bis auf 30 °C auf.

Anfang Juni erscheinen die Gelege — früher als in Ladakh und südlichem Tibet. Am 28. Juni 1962 waren in den meisten Nestern stark bebrütete Eier, in vielen schon Junge geschlüpft. Zwei bis drei Tage alte Dunenjunge waren in dieser Kolonie noch selten. Auf einer anderen Insel begann die Brutsaison 1961 sehr spät — am 26. Juni waren dort 1 Nest leer, in einem anderen 2 frische Eier, in 2 3 schwach bebrütete. 1962 setzte sie in dieser Kolonie etwa zur selben Zeit ein wie in der ersterwähnten — am 24. Juli waren viele Junge etwa 1 Monat alt (Potapow 1966a, b). 1977 begann der Schlupf zwischen 12. und 16. Juni; spätester am 18. Juli (Zubakin 1982).

Ladakh-Daten: Tso Kar-Brutmöwen hatten im späten Mai und frühen Juni Testes von meist 1 inch (25,4 mm) Länge und gut entwickelte Ovarien. Bis zum 22./23. Juni noch keine Eiablage bzw. Brutbeginn (Ludlow 1920, Osmaston 1925, Meinertzhagen 1927, La Personne 1928).

Am Karakulj: Gelege umfaßten 1—4, meist 3 Eier. Von 52 Nestern (gefunden von Potapow) enthielten 23 3 Eier, 22 2 und nur 7 je 1 Ei. Von Nestern, die Zubakin über 15 Jahre hin ebendort kontrollierte, bargen 55,8% 3 Eier. Durchschnittsmaße von 13 Stück, nach Potapow (1966b), 60,7 × 41,0 mm; von 28, nach Zubakin (1982), 61,7 × 40,7 mm. (14 *brunnicephalus*-Eier aus dem Raum Gyantse maßen im Mittel 60,75 × 40,75 mm — Ludlow 1928; nach Ali u. Ripley 1969 fide Baker weitere 100 61,3 × 42,6 mm.)

Verglichen mit solchen von *L. ridibundus* sind sie blasser und ohne Oliv-Töne, was an die Eier von *L. ichthyaetus* erinnert (Potapow 1966b, Zubakin 1982). Der Anteil tauber (15,8%, n = 19) und Eier mit abgestorbenen Embryonen in den Nestern ist ziemlich hoch. Viele Junge kommen durch Unterkühlung um, weil sogar im Juli am Karakulj die

FUNDORTLISTE

Fundort		Quelle
1. Karakulj	ABNJ	Moltschanow, Zarudnyj 1915; Potapow 1966a, b; Zubakin et al. 1981, Zubakin 1982
2. nahe Leh (17. V.)		Meinertzhagen 1927
3. Tso Kar	ABc	Oberholser 1900, Osmaston 1925, Meinertzhagen 1927, Ali u. Ripley 1969
– Tsokr Chumo (Ende V.)	c	Ludlow 1920
4. Tso Morari (=Moriri Tso)	Bc	Ludlow 1920, Osmaston 1925, Ali u. Ripley 1969
– Merak	A	Vaurie 1972
5. Pangong Tso	AB	Sharpe 1891, Osmaston 1925, Meinertzhagen 1927, Ali u. Ripley 1969
– an kleinem Fluß, der von Chagra in den Pangong-See fließt	Ac	La Personne 1928
– bei Tankse (24. V.)		Meinertzhagen 1927
– bei Phobrang (27. V.)		Meinertzhagen 1927
– bei Shushal	A	Meinertzhagen 1927
– Chakar Talao	A	Vaurie 1972
6. am Gyanima Tso (Kharko)	Ba	Ali 1946
7. Parkha plain	A	Ali 1946, Lavkumar 1954/55
– bei Chiu Gompa (Manasorovar-See)	A	Lavkumar 1954/55
– Ganga Chhu	A	Ali 1946
– E-Ufer Ding Tso	Bs	Ali 1946
– bei Ngáyézé	A	Ali 1946
– Tseti Tso	A	Ali 1946
– Lha Chhu	A	Ali 1946
8. Hram Tso	B	Maclaren 1948
9. See bei Dochen	A	Ludlow 1928
10. See bei Kala	A	Ludlow 1928
11. am Alyk-nor (S-Abfall Burchan Budda-Geb., Shelta-Bassin), 30. V.		Bianchi 1907
– Nacan-tschju, Zufluß Magmug-tschju, System Dzatschju, Zufluß Goluba – beim südl. Abfall Wasserscheide der Goluba u. Shelta (22. V.)		Bianchi 1907
12. Kukunor (ab 18. III.)		Stresemann 1938, Vaurie 1972
– SE-Ecke (14. VIII.)		Riley 1930
– Insel im S-Teil	B	Thien 1985
– Lau-tschou (30. VI. – nur beobachtet)		Stresemann 1938

LITERATUR

Ali 1946 — J. Bombay Nat. Hist. Soc. 46, 306.
Ali u. Ripley 1969 — Handb. Birds India and Pakistan. 3. Bombay-London-New York. 31–33.
Bianchi 1907 — Aves exped. Kozlowi Mongol. et Tibet orient. 1899–1901. Sanktpeterburg. 141–142.
Cheng 1976 — Distrib. List Chin. Birds (Rev. Ed.). Peking. 239–240.
Deignan 1963 — Checklist Birds of Thailand. Washington. 43.
Dwight 1925 — Bull. Amer. Mus. Nat. Hist. 52, 267–270.
Henry 1971 — Birds of Ceylon. London-New York-Melbourne. 342.
Kozlowa 1952 — Trudy Zool. inst. AN SSSR 9, 1018–1019.
La Personne 1928 — J. Bombay Nat. Hist. Soc. 32, 516.
La Touche 1931–1934 — Handb. Birds of Eastern China. II. London. 318–319.
Lavkumar 1954/55 — J. Bombay Nat. Hist. Soc. 52, 930.
Ludlow 1920 — J. Bombay Nat. Hist. Soc. 27, 146.
Ludlow 1927 — Ibis 3 (12), 647, 654.
Ludlow 1928 — Ibis 4 (12), 225.
Maclaren 1948 — Ibis 90, 204.
Meinertzhagen 1927 — Ibis 3 (12), 623–624.
Meklenburcew 1936 — Trudy Sredneaziat. gos. uniw. 8a, ekol. 22, 22.
Moltschanow, Zarudnyj 1915 — Jesheg. Zool. muz. Akad. nauk 19, 474.
Oberholser 1900 — Proc. U. S. Nat. Mus. 22, 205.
Osmaston 1925 — Ibis 1 (12), 714.
Potapow 1966a — Dokl. Akad. nauk SSSR 167, 1409–1410.
Potapow 1966b — Trudy Zool. inst. AN SSSR 39, 45–48.
Riley 1930 — Proc. U. S. Nat. Mus. 77, 11.
Sharpe 1891 — Second Yarkand Mission. Aves. London. 134.
Smythies 1953 — Birds of Burma. Edinburgh-London. 472–473.
Stresemann 1938 — J. Orn. 86, 207.
Thien 1985 — Gef. Welt 109, 49–50.
Vaurie 1962 — Auk 79, 307–308.
Vaurie 1965 — Birds palearct. Fauna. Non-Passeriformes. London. 464.
Vaurie 1972 — Tibet and its Birds. London. 214.
Zubakin 1982 — Bjull. Mosk. ob. ispyt. prirody. otd. biol. 87, 4, 45–56.
Zubakin et al. 1981 — Dokl. Mosk. ob. ispyt. prirody, zool. i bot., 1978. 32–34.

XIII

1986

Branta leucopsis (Bechstein)

bearbeitet von

I. A. NEUFELDT und K. WUNDERLICH

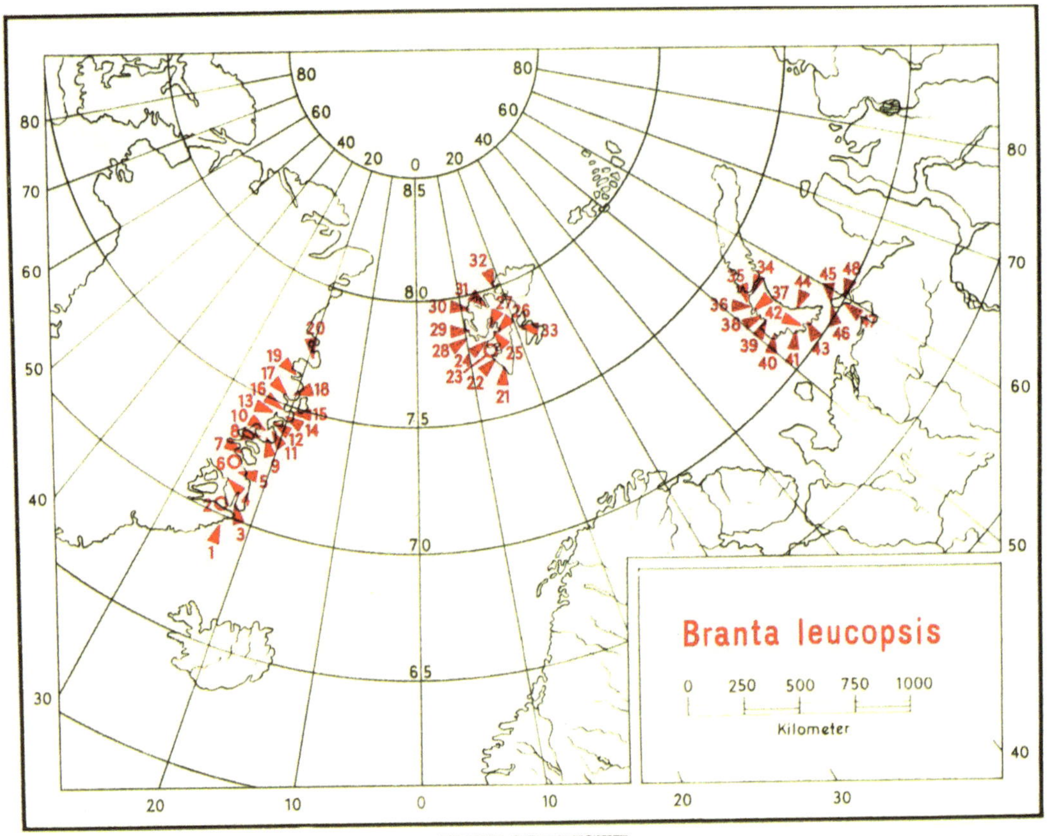

FUNDORTLISTE

Nr.	Fundort		Quelle
1.	Turner-Sund (N-Blosseville-Küste)	A	Salomonsen 1950 fide Deichmann
2.	innerer Scoresby-Sund	B	Salomonsen 1950
–	um Point Constable	B	Bertram et al. 1934 fide Pedersen
3.	E-Küste Hurry-Fjord	B	Salomonsen 1950
–	Rosenvinge Bay	B	Salomonsen 1950 fide Pedersen
4.	Schuchert Flot	J	Hall 1963
–	„Tern Tarn“ (Fegins Elv valley)	B	Hall u. Waddingham 1966
–	Gurreholmsdal	N	Hall 1963
–	Holger Dansker Briller	AJ	Hall 1963
–	Parachute Ponds	AJ	Hall 1963, 1966
–	Merse	AJ	Hall 1963
–	beim Konglomeratelv	ANJ	Hall 1963, 1966
5.	Ørsteds Dal	ABJ	Hall u. Waddingham 1966, Ferns u. Green 1975
–	Pingels Dal	BJ	Hall u. Waddingham 1966, Salomonsen 1967
–	eingangs Horsedal	BN	Hall u. Waddingham 1966, Ferns u. Green 1975
–	bei Dolorite Point		
–	(unteres Ørsteds Dal)	BN	Hall u. Waddingham 1966
–	innerer Fleming Fjord	AJ	Marris u. Ogilvie 1962
–	Fleming Dal	AJ	Marris u. Ogilvie 1962
–	am Kap Seaforth (19. VII.)	A	Marris u. Ogilvie 1962, Ferns u. Green 1975
–	Nordseite d. unteren Ørsteds Dal	AJ	Marris u. Ogilvie 1962
–	unterhalb Alldays Dal	AJ	Marris u. Ogilvie 1962
–	Enjørningens Dal	AJ	Marris u. Ogilvie 1962, Salomonsen 1967
6.	Northern Scoresby Land	J	Hall 1963
–	nahe Mestersvig	N	Ferns u. Green 1975
–	Kliffs auf E-Seite d. Lemmingdal	B	Ferns u. Green 1975
–	SW-Lemmingdal	B	Ferns u. Green 1975
–	Blyklippen	B	Ferns u. Green 1975
–	Nyhavn	B	Ferns u. Green 1975
–	Antarctic Havn	AJ	Marris u. Ogilvie 1962, Ferns u. Green 1975
–	Noret, nahe airstrip	NJ	Marris u. Ogilvie 1962
–	Labben-Halbinsel	ANJ	Hall 1963, Ferns u. Green 1975
7.	Traillöya	AJ	Ferns u. Green 1975
8.	Frantz Joseph's Fjord	B	Helms fide Kolthoff 1926
–	Kap Franklin	J	Løppenthin 1932
–	Revdalen	N	Owen u. Norderhaug 1977
9.	Moskukse Fjord	Bc	Salomonsen 1950

Stichmann u. Timmerman 1965 Vogelwarte 23, 145–147.
Timmerman 1962 Limosa 35, 199–218.
Uspenskij 1951 Ochrana prirody 13, 124–127.
Uspenskij 1958 Utsch. zap. Mosk. uniw. 197. Ornitologija: 40–41.
Uspenskij 1964 Falke 11, 7–10.
Uspenskij 1965 Trudy Inst. biol. Ural. fil. AN SSSR, 38.
van Oordt 1921 Ardea 10, 140.
Wolf 1968 Mitt. Verein Jordsand 2, 2–10.
Ydenberg u. Prins 1981 J. Appl. Ecol. 18, 443–453.
Ydenberg, Prins u. van Dijk 1983 Ardea 71, 125–131.

Branta leucopsis (Bechstein)

Weißwangengans, Nonnengans

Zur Verbreitung

Monotypisch. Morphometrische Analyse der drei voneinander isolierten Brutpopulationen auf Grönland, Spitzbergen und Nowaja Semlja-Wajgatsch wird gemacht (vgl. Ebbinge 1980). Johansen (1956) charakterisiert den Vogel als panarktisch, nicht so ausgesprochen hocharktisch wie *B. bernicla*. Beschränkt im atlantischen Sektor der Arktis verbreitet.

Die Weltpopulation ist seit 1957 (als in Großbritannien mit winterlichen Zählungen vom Flugzeug aus begonnen wurde — vgl. Boyd 1963) bemerkenswert größer geworden. 1959/60 wurde sie auf 30000 Vögel veranschlagt (Boyd 1961), von denen etwa 19700 der russischen oder Barentssee-Population angehörten. Die Kopfgesamtzahl 1972/73 bezifferten Ebbinge et al. (1975) auf annähernd 70000, wovon wiederum zwei Drittel (41000) russische Gänse waren. Mitte der 70er Jahre lag jene über 80000 (Owen 1980), für die Wintersaison 1977/78 wurden nahezu 100000 angegeben, davon Barentssee-Vögel 50000–60000, siehe Ebbinge (1980, 1981). 1980–1981 hatte sie sich auf 80000–90000 verringert (Ebbinge 1982).

Jenes Anwachsen resultiert unzweifelhaft aus dem zunehmenden Schutz der Art an den hochnordischen Brutplätzen und abnehmendem Jagddruck auf die Überwinterer. So sind die russischen und Spitzbergen-Gänse jetzt geschützt, ebenso die grönländischen im größeren Teil ihres Brutgebietes (Ebbinge 1982). Zur Entwicklungsdynamik der drei Populationen zwischen 1958 und 1978 siehe im Detail (Table 1, Fig. 9 u. 10) bei Ebbinge (1981), auch bei Bauer und Glutz von Blotzheim (1968), Cramp (1977) und Ebbinge (1982). Es erhebt sich die Frage: Wann beginnt sich dieses Wachstum auf die ökologischen Konditionen der Brutinseln und Winterquartiere einzupegeln?

Auf Grönland wurde die Weißwangengans als Brutvogel 1891–1892 von der Ryder-Expedition entdeckt. Die Ansiedlungen konzentrieren sich auf die hocharktischen, ziemlich ausgedehnten Partien E-Grönlands. Nördlichste ist der Trekroner auf Germania-Land; nördlich davon ist *B. leucopsis* wohl noch nicht ausgemacht worden. Turner-Sund ist der südlichste sommerliche Beobachtungspunkt. Südlich der Blosseville-Küste ist die Art lediglich als unregelmäßiger Durchzügler bekannt. Das Anwachsen läßt sich eindrucksvoll anhand von Zähldaten per Luftinspektion längs der Westküsten von Irland bis Schottland belegen. So rasteten im Dezember 1959 in W-Schottland 5280, in Irland 2800 grönländische Weißwangengänse, insgesamt 8080. Im April 1962 waren es 9330 und 4400, zusammen 13730 (Boyd 1963). Der gleiche Autor (1968) gibt für 1965 (nur Hebriden) 13900, für 1966 (Hebriden u. Irland) rund 20000 an. Ogilvie und Boyd (1975, vgl. ibid. Karte mit „Gruppenplätzen" u. Inspektion aus der Luft zwischen 1957 u. 1973, p. 140–141) heben Konzentration auf Islay hervor — März 1973 15000, November 1974 19400. Der Anteil der Islay-Überwinterer ist von 34% auf 62% gestiegen. Total im ganzen Quartier: Vergrößerung von 8321 (Dezember 1959) auf 24100 (März 1973) — nach Ogilvie und Boyd (1975). Laut Ebbinge (1980, 1982) umfaßte die überwinternde Grönland-Population 1978 rund 33000 Vögel und könnte heute 39000 zählen. Trotz relativ niedrigen Bruterfolgs hatte sie zwischen 1960 und 1980 etwa die gleiche Wachstumsrate wie die russische — 5,3% und 6% pro Jahr.

Die Spitzbergen-Population — mit 1980–1981 ca. 9000 Köpfen (1982 ca. 8500) die kleinste — hat sich zwischen 1970 und 1978 nahezu verdoppelt (jährlicher mittlerer Zuwachs 11%), vgl. Ebbinge (1980, 1982), Ogilvie (1981), Owen (1982), Mehlum (1983). 1946/47 wurden im Winterquartier Solway Firth lediglich 400 Vögel registriert, 1954/55 schon 1500, 1960/61 2500, 1962/63 3000, 1963/64 4300 (Boyd 1963, Norderhaug et al. 1965). 6050 Exemplare waren die „gute Spitze" im Herbst 1975; 7200 — 1976, 8800 — 1978. Diese Vergrößerung von ca. 3200 1970 auf 9050 1980/81 ist nicht über höhere Reproduktion zustandegekommen, sondern aufgrund geringer Mortalität (nur 9% jährlich) über Jahre. Ursachen: Bessere Ernährungsbedingungen im Raum Solway-Bucht, vermehrter Schutz dort und Schaffen von geschützten Brutzonen auf Spitzbergen (Owen 1975).

Die Vögel besiedeln vorzugsweise den südwestlichen Teil Westspitzbergens — Hauptbrutgebiet sind der Küstenstreifen und Offshore-Inseln zwischen Horn- und Bellsund. 1973 brütete dort ein Drittel jener Population (Jackson et al. 1974). Die Bedeutung des Küstensaums zwischen Bellsund und Isfjord scheint gewachsen; 1975 waren dort etwa 17,5% der herbstlichen Spitzbergen-*leucopsis* versammelt (Dittami et al. 1979 fide Ebbinge u. Ebbinge 1976), 184 Brutplätze fanden sich allein auf Inseln vor Nordenskioldkysten. Die nördlichsten Ansiedlungen auf Westspitzbergen liegen in Kongs- und Smeerenburgfjord auf Nordostland an dessen NW-Peripherie (vgl. unsere Karte). Die Art fährt zu brüten vor den Ufern der Prinz-Karl-Insel fort (wo auf Forlandsøyane ihre Zahl größer geworden ist — Owen u. Norderhaug 1977), ebenso am Südende der Barentsinsel.

Owens und Norderhaugs (1977) Analyse der Populationsdynamik auf Spitzbergen ergab, daß sich vergleichsweise Ende der 60er Jahre das Brutareal wenig geändert hatte. Jedoch wurde offenkundiger Wechsel der bevorzugten Brutplätze

47. Ljamtschina-Meerbusen, Junojach-Mündung	J	USPENSKIJ 1958; KARPOWITSCH, KOCHANOW 1963	48. Sarmyk-Unterlauf (= Sarmik-Unterlauf)	NJ	USPENSKIJ 1958; KARPOWITSCH, KOCHANOW 1963
— See B. Cinkowyj	J	USPENSKIJ 1958			

Anmerkungen

Zu P. 9 (Beipunkt) u. 10:
Gründen sich auf Fund vieler Federn.

LITERATUR

BAUER und GLUTZ VON BLOTZHEIM 1968 — Handb. Vögel Mitteleuropas. 2. Frankf. a. M., 207—222.
BERTRAM, LACK u. ROBERTS 1934 — Ibis 4 (13), 819.
BIANKI, KOCHANOW, SKOKOWA 1975 — Trudy Kandalak. zapow. 9, 28.
BOFENSCHEN u. KRAMER 1969/70 — Decheniana 122, 94—96.
BOYD 1961 — Wildfowl 12, 116—124.
BOYD 1963 — Wildfowl 14 (1961—62), 86, 90—91.
BOYD 1968 — Wildfowl 19, 96—107.
BRUNS 1981 — Orn. Mitt. 33, 188.
BURTON, BLURTON-JONES u. PENNYCUICK 1960 — Sterna 4, 123.
BUSCHE 1977 — Vogelwarte 29, 116—122.
CRAMP 1977 — Handb. Birds Europe, Middle East and North Africa. 1. Oxford-London-New York. 430—435.
DE KORTE 1972 — Beaufortia 19, 140—144.
DITTAMI, THOMFORDE u. KENNEDY 1977 — Wildfowl 28, 94—100.
DITTAMI, KENNEDY u. THOMFORDE 1979 — J. Orn. 120, 188—195.
EBBINGE 1980 — IWRB-Bull. 46, 40—42.
EBBINGE 1981 — in: Birds of the Wadden Sea. Rotterdam. 19—27.
EBBINGE 1982 — Aquila 89, 151—162.
EBBINGE u. EBBINGE 1976 — Norsk Polarinst. Årb. 1975, 119—138.
EBBINGE, CANTERS u. DRENT 1975 — Wildfowl 26, 5—19.
FERNS u. GREEN 1975 — Wildfowl 26, 132.
GORBUNOW 1929 — Trudy Inst. izutsch. Sew. 40, 193—194.
HAKALA 1972 — Sterna 11, 46—47.
HALL 1963 — Wildfowl 14 (1961—62), 86, 94—97.
HALL 1966 — Dansk Orn. Foren. Tidsskr. 60, 178.
HALL u. WADDINGHAM 1966 — Dansk Orn. Foren. Tidsskr. 60, 186—192.
HANCOCK 1969 — Oxford Univ. Explor. Club Bull. 17, 71—94.
HARRISON 1952 — Estuary Saga. London.
HELMS 1926 — Medd. om Grønland 58, 235.
HJORT 1976 — Bird Migration. Tallinn. 165—174.
HOLGERSEN 1969 — Sterna 8, 394.
HOLGERSEN 1970 — Sterna 10, 182.
HØRRING u. SALOMONSEN 1941 — Medd. om Grønland 131, 13.
JACKSON, OGILVIE u. OWEN 1974 — Wildfowl 25, 102—115.
JOHANSEN 1956 — Acta Antarctica. VIII. København. 55, 57.
JOURDAIN 1922 — Auk 39, 166—171.
KARPOWITSCH, KOCHANOW 1963 — Organizacija i metody utscheta ptic i wrednych gryzunow. Moskwa. 97.
KARPOWITSCH, KOCHANOW 1967 — Trudy Kandalak. zapow 5, 302—304.
KISCHTSCHINSKIJ 1979 — Migracii ptic Wost. Ewropy i Sew. Azii. Moskwa. 183—188.
KOENIG 1911 — Avifauna Spitzbergensis. Bonn. 222—226.
KRISTOFFERSEN 1926 — Norsk Orn. Tidsskr. 7, 192.
KUMARI, JYGI 1972 — Gusi w SSSR. Trudy soweschtschanija. Tallinn. 85—87.
LARSEN u. NORDERHAUG 1963 — Wildfowl 14 (1961—1962), 98—104.
LARSEN u. NORDERHAUG 1964 — Sterna 6, 153—168.
LE ROI 1911 — in KOENIG: Avifauna Spitzbergensis, Bonn. 222—226.
LØPPENTHIN 1932 — Medd. om Grønland, 91, 40—44.
LØVENSKIOLD 1954 — Norsk Polarinst. Skr. 103, 24.
LØVENSKIOLD 1964 — Norsk Polarinst. Skr. 129, 144—150.
MARRIS u. OGILVIE 1962 — Wildfowl Trust 1960—61, 13. Rep. 53—63.
MARRIS u. WEBBE 1969 — Dansk. Orn. Foren. Tidsskr. 63, 161—164.
MEHLUM 1983 — Vår Fuglefauna 6, 95, 294—295.
MOSKALEW 1975 — Mat. Wsesojuzn. konf. po migr. ptic, I. Moskwa. 226.
MÖRZER BRUINS u. PHILIPPONA 1976 — Limosa 49, 230—292.
NEHLS 1977 — in KLAFS u. STÜBS: Vogelwelt Mecklenburgs. Jena. 107—108.
NORDERHAUG 1964—1965 — Sterna 6, 188—189, 191.
NORDERHAUG 1970 — Norsk Polarinst. Årbok 1968. 24—35.
NORDERHAUG, OGILVIE u. TAYLOR 1965 — Wildfowl 16, 108—109.
NOSKOW, ZIMIN, REZWYJ et al. 1981 — Trudy Biol. nautschno-issled. inst. Leningrad. uniw. 32, 10.
NYHOLM 1965 — Ann. Zool. Fenn. 2, 204—207.
OGILVIE 1981 — Wildfowl 32, 172.
OGILVIE u. BOYD 1975 — Wildfowl 26, 139—147.
OUWENEEL 1971 — Limosa 44, 84—101.
OWEN 1975 — IWRB-Bull. 39/40, 68—69.
OWEN 1980 — Wild Geese of the world. London. 62—65.
OWEN 1982 — Aquila 89, 229—247.
OWEN u. CAMPBELL 1974 — Scott. Birds 8, 181—193.
OWEN u. NORDERHAUG 1977 — Orn. Scandinaviaca 8, 161—174.
PAROWSCHTSCHIKOW 1962 — Ornitologija 4, 9.
PTUSCHENKO 1952 — Pticy Sow. Sojuza. 4. Moskwa. 338—341.
ROBERTS 1966 — Wildfowl 17, 36—45.
ROOTH, EBBINGE, VAN HAPEREN, LOK, TIMMERMAN, PHILIPPONA u. VAN DEN BERGH 1981 — Wildfowl 32, 146—155.
ROUX 1963 — Bureau Int. Rech. Sauv. Publ. 6.
SALOMONSEN 1950 — Birds of Greenland. København. 71—77.
SALOMONSEN 1967 — Dansk Orn. Foren. Tidsskr. 61, 153—158.
SCHÖNWETTER 1960 — Handb. Oologie. Lfg. 2. Berlin. 117—119.
SPANGENBERG, LEONOWITSCH 1960 — Trudy Kandalak. zapow. 2, 272.

— N-Seite d. inneren Moskukse Fjord	↓	Marris u. Webbe 1969
10. W inneres Ende Loch Fyne	↓	Marris u. Webbe 1969
— Loch Fyne	B	Salomonsen 1950
— Kap Stosch	AJ	Løppenthin 1932
11. Finch Islands	B	Salomonsen 1950
12. Dahl Skaer (W Kap Mary, Clavering-Insel)	BNJ	Løppenthin 1932
— bei „Kap Holka" (= Kap Breusing)	BNJ	Løppenthin 1932 fide Schaanning
13. Tiroler Fjord	B	Salomonsen 1950
14. Berg WSE-Teil vom Dombjaerg (Lindemansdalen)	J	Marris u. Webbe 1969
— oberes Store Sødal	AJ	Marris u. Webbe 1969
— Spitze Stordal	J	Marris u. Webbe 1969
— oberhalb d. Schlucht, d. zum Storelv-Delta führt	Bc	Marris u. Webbe 1969
15. Walross-Insel (S Sabine Isl.)	ABN	Løppenthin 1932 fide Schaanning, Salomonsen 1950 fide Pedersen
16. Kuhn Island	B	Salomonsen 1950
17. Ardencaple Inlet	B	Salomonsen 1950
18. Hochstetter Forland	B	Salomonsen 1950, Marris u. Webbe 1969
19. auf Vaederen (Dove Bugt)	Ba	Salomonsen 1950
20. Berg Trekroner (Germania-Land)	B	Salomonsen 1950, Marris u. Webbe 1969
21. Hornsund u. Umgebung	AB	Norderhaug 1964—1965
— SW-Küste	A	Løvenskiold 1964
	N	Owen u. Norderhaug 1977
— Camp Erna-Ommervatna	AJ	Jackson et al. 1974
— NW-Küste	A	Løvenskiold 1964
— Revdalen	N	Owen u. Norderhaug 1977
22. Kap Borthen	AJ	Løvenskiold 1964, Jackson et al. 1974
— Isöyane (= Isøyane)	N	Kristoffersen 1926
	J	Løvenskiold 1954
	ABJ	Norderhaug et al. 1965
	ABJ	Jackson et al. 1974
— kleine Inseln vor Dansköya (extremer NW)	B	Norderhaug et al. 1965
— Ohlsholmen u. N Ohlsholmen	BJ	Norderhaug et al. 1965
— Leirsigtjern	AJ	Jackson et al. 1974
— Strandtjornene	AJ	Jackson et al. 1974
— Dunøyane	NJ	Løvenskiold 1954
	N	Owen u. Norderhaug 1977 fide Norderhaug 1970
	BAJ	Larsen u. Norderhaug 1963, Norderhaug et al. 1965, Jackson et al. 1974
— bei Kvarsittpynten	BAJ	Larsen u. Norderhaug 1963
— Isbjörnhamna-Hyttevika	AJ	Jackson et al. 1974
23. Raum Bellsund:		
— Van Mijenfjorden	J	Holgersen 1969
— am Mittel-Huk zw. Keulen- u. van Mijens-Bai	ABN	le Roi 1911

— Kjellstrømdalen	B	Owen u. Norderhaug 1977 fide Hancock 1969
	AJc	Hakala 1972
	B	Løvenskiold 1964
— Reindalen	A	Owen u. Norderhaug 1977 fide Hancock 1969
	AJ	Owen u. Norderhaug 1977
	J	Holgersen 1969, 1970
— Reiniusøyane	B	Dittami et al. 1979 fide Ebbinge u. Ebbinge 1976
— Diabaspynten	B	Dittami et al. 1979 fide Ebbinge u. Ebbinge 1976
— Äußere und innere St. Hansholmane Islands	N	Dittami et al. 1977, Dittami et al. 1979 fide Ebbinge u. Ebbinge 1976
24. kleine Insel nahe Båttoden (= Båtodden)	B	Dittami et al. 1969 fide Ebbinge 1976
— Kap Linné, Solfonnbecken	N	Nyholm 1965
25. Bohemanneset	N	Owen u. Norderhaug 1977
26. Sassendalen	B	van Oordt 1921
	N	Nyholm 1965
	B	Løvenskiold 1964
	N	Owen u. Norderhaug 1977
— benachbarte Täler	AB	Norderhaug et al. 1965
— nahe Deltadalen	ABN	Burton et al. 1960
27. Gipsdalen	A	Larsen u. Norderhaug 1963
28. Forlandsøyane	N	Nyholm 1965, Owen u. Norderhaug 1977
29. bei Ny-Ålesund	B	Owen u. Norderhaug 1977, Mehlum 1983
30. Smeerenburgfjord	AJ	Bruns 1981
31. in der Wijde-Bai (= Wijdefjorden)	AJ	le Roi 1911
32. NW-Rand d. Nordost-Insel, Raum Russøne	N	Owen u. Norderhaug 1977
33. SW-Ende Barentøya	A	Løvenskiold 1964
— Televaraflya	NJ	de Korte 1972
34. Unterlauf d. Pestchanka (Pankowaja Zemlja)	B	Uspenskij 1958
35. Gribowaja Bucht, Golec-Insel (N Bezymjannaja Bucht)	BNJ	Uspenskij 1951, 1958
36. Bezymjannaja Bucht	BN	Uspenskij 1951, 1958
37. Puchowyj Bucht, Puchowaja-Mündung	BN	Uspenskij 1951, 1958
— Bolschaja Karmakulskaja Bucht	B	Uspenskij 1951
38. Mollera Bucht, Rudakowa Insel	BN	Uspenskij 1951, 1958
39. Bucht Mollera — Inseln Chramcowa u. Lagunyi	BN	Uspenskij 1951, 1958
40. Rogatschewa Bucht	B	Uspenskij 1958
41. Seleznewaja	B ?	Gorbunow 1929
42. Meerbusen Tschernaja	AJ	Gorbunow 1929, Coll. Zool. Inst. Leningrad
	B	Uspenskij 1958
43. Sachanicha-Meerbusen	B	Uspenskij 1958
44. Kazakowa-Unterlauf	J	Uspenskij 1958
45. Fluß Chechejach	J	Uspenskij 1958
46. Meerbusen Dolgaja	NJ	Uspenskij 1958

ausgemacht — von mehr binnenwärts gelegenen Felswänden (dort können die Gänse wegen zunehmender anthropogener Beeinträchtigung das Habitat nicht mehr voll nutzen) auf vorgelagerte Inseln, wo wachsende Zahl Weißwangengänse die Ringelgans (*B. bernicla hrota*) verdrängt. Wegen der geringen Ausdehnung der für das Brutgeschäft verfügbaren Offshore-Plätze nähert sich die Brutdichte der natürlichen Grenze. Stabilisierung muß nach Owen und Norderhaug (1977) eintreten, sobald der Bestand 8000—10000 Exemplare groß ist, siehe auch Owen (1982).

Die Barentssee-Population kommt nur auf sowjetischem Territorium vor. Sie besiedelt die Insel Wajgatsch (ausgenommen deren südlichsten und südöstlichen Teil) und die Südinsel von Nowaja Semlja (faktisch ihre ganze Westseite, den Süden und Osten, nach Norden bis zum Kazakowa-Unterlauf). Nach Erhebungen im Küstenraum der südlichen Nordsee — dem Winterquartier — macht deren Anteil an der Weltpopulation 50%—60% aus. Bei mittlerer jährlicher Wachstumsrate von 6% zwischen 1959 und 1978 (vgl. Ebbinge 1981) wurde ihre Kopfzahl für 1976/77 mit 50000—60000 angegeben (Ebbinge 1980), später (1980/81) mit etwa 40000 (Ebbinge 1982).

In den frühen 50er Jahren machten in den Niederlanden nur einige tausend Vögel halt. Ausgewählte Daten: Im Dezember 1960 19000, Mitte Dezember 1961 22000, Mitte Februar 1962 noch 16000 (Stichmann u. Timmerman 1965), Mitte Dezember 1962 23500 (Boyd 1963), am 22. Februar 1969 über 20000 (Ouweneel 1971), November 1974 42000, Januar 1976 45000, Januar 1977 54000, Januar 1978 53000, März 1979 45000 (Rooth et al. 1981).

Spezialkarten der Verbreitung bei Marris und Ogilvie 1962 (Grönland), Hall und Waddingham 1966 (Grönland), Larsen und Norderhaug 1963 (Spitzbergen), Løvenskiold 1964 (Spitzbergen), Owen und Norderhaug 1977 (Spitzbergen), Dittami et al. 1979 (Spitzbergen), Uspenskij 1958 (Nowaja Semlja u. Wajgatsch).

Oekologie

Erstbeobachtungen auf Grönland gewöhnlich in der letzten Mai-Dekade, dann in Flügen von 15—20, mitunter 100 und mehr. Die Vögel sind bereits gepaart und beginnen kurz nach der Ankunft mit dem Brüten. Noch deckender Schnee kann die Nistperiode um etwa zwei Wochen verschieben. Die Nester werden auf felsigen Absätzen, Terrassen, Bändern, Steilhängen und unzugänglichen Kliffs mit N-, NE- oder NW-Exposition plaziert, die auf einen Fjord blicken oder auf einen See, zumindest nicht weit vom nächsten Gewässer entfernt sind. Auf Grönland dominieren derartige Kliffstandorte. Die Nester stehen bis 300 m hoch an Fjordrändern, auf kleinen Inseln in Absturznähe (30—35 m hoch), dann mitunter erreichbar. Große Kolonien mit 100 und mehr Brutpaaren sind angetroffen worden, gewöhnlich mit weniger als 50, gelegentlich nur wenigen. Auch solitäres Brüten ist bekannt. Salomonsen (1950) vermerkt die größten Brutansiedlungen für die inneren Bereiche gigantischer Gebirgsmauern. Auch Marris und Webbe (1969) betonen für Ostgrönland gehäuftes Vorkommen auf erhöhtem Uferterrain und Strandterrassen, speziell zwischen äußeren Küsten- und inneren Fjord-Bereichen unter Kalk- und Sedimentbergen. Solche Höhenzüge sind mit mehr offener Landschaft und relativ reicherer Pflanzenausstattung assoziiert als beispielsweise Habitate mit metamorphischen Strata. 1966er Beobachtungen lieferten klare Hinweise darauf, daß dort für die Art mehr passende Plätze zum Brüten und Mausern vorhanden sind, die oberhalb von 200 m liegen.

Die Eiablage geschieht Ende Mai bis in den frühen Juni. Gelege enthielten 2—9, meist 3—5 Eier, Schlupf in erster Juli-Hälfte. Hall (1963) vermerkt Gössel für Scoresby Land vor Ende Juli, Ferns und Green (1975) registrierten 1974 in der Kong Oscar Fjord-Region ziemlich kleinen Anteil Gössel (2,8 je Paar) und hohen Prozentsatz Nichtbrüter. Nach etwa 36 Stunden werden Junge zum Wasser (Seen, Teiche) geführt, dort familienweiser Verbleib ein bis zwei Wochen, danach Überwechseln zu den Fjordküsten. Hier Zusammenschluß zu „flocks" (in der Regel 10—15 Paare samt Nachkommenschaft), die sich vorzugsweise in flachen und sandigen Buchten aufhalten.

Nahrung: Überwiegend Gräser — *Carex bigelowii, Luzula confusa, Poa arctica, Eriophorum scheutzii*, auch *Equisetum, Hippuris, Puccinellia, Scirpus, Oxyria, Polygonum, Dryas, Salix* (Løppenthin 1932, Salomonsen 1950, Marris u. Webbe 1969, Owen 1980).

Immature Gänse mausern im frühen Juli (sobald Seen eisfrei), Brüter Ende Juli/Anfang August, gewöhnlich an unterschiedlichen Plätzen. Von Mauserwanderungen über große Distanzen ist bislang nichts bekannt.

Ende August beginnt Wegzug Richtung nördliche Täler Islands, wo meist sechs Wochen Rast bis zum Aufbruch nach Schottland gemacht werden. Letzte Vögel am Scoresby-Sund 8.—9. September (Salomonsen 1950).

Auf Spitzbergen brütete *B. leucopsis* bis in jüngere Vergangenheit auf Kliffs (Jourdain 1922) und Pfeilern, die von den Kliffmauern isoliert sowie von der Bergseite her mehr oder minder unerreichbar waren. Allerdings war von den Inseln längs des Ufers zwischen Horn- und Bellsund Brüten auch auf Meereshöhe bekannt, zusammen mit Ringelgänsen und Eiderenten (Løvenskiold 1964), ähnlich 1963 nördlicher, auf Forlandsøyane (Nyholm 1965). Le Roi (1911) charakterisierte einen jener traditionellen Felsbrutplätze in einem Seitental der Advent-Bai wie folgt: „Am Nordabhang des erwähnten Tales, wo die zerstörende Gewalt der Elemente im Laufe von Jahrtausenden besonders einschneidende Wirkungen auf das Felsmassiv ausgeübt hat, springen in langer Reihe festungsartig gestaltete schmale Bastionen vor, die nach der Talsohle zu senkrechte Abstürze bilden. Solche durchweg vollkommen unzugängliche Stellen sucht die Gans mit Vorliebe zu ihren Nistplätzen aus. Hier ist ihr Gelege vor den Nachstellungen der Eisfüchse durchaus gesichert. Zweifellos haben wir in dieser ständigen Gefahr, durch Eisfüchse die Eier zu verlieren, die Ursache zu erblicken, welche einerseits die Enten und Ringelgänse zwingt, sich zum Brüten auf isolierte Inseln zu begeben, andererseits die Kurzschnabel- und Weißwangengänse veranlaßt, an unerreichbaren Stellen der Felswände ihrem Fortpflanzungsgeschäft nachzugehen. An der am weitesten vorspringenden Spitze der Bastionen, vor der das Gestein steil in die Tiefe abfällt, errichtet *Branta leucopsis* ihr Nest, indem sie im Gegensatz zur Ringelgans auf einem kahlen Felsenabsatz nur wenige schmutziggraue oder braungraue Dunen zu einer kleinen Nestmulde anordnet ... Nicht alle Gänse nisteten auf den festungsartigen Kuppen, welche gewissermaßen das untere Stockwerk der Talwand bildeten. Oberhalb dieser Bastionen und der sie trennenden schneebedeckten Schluchten stieg noch eine viele Meter hohe Felspartie bis zum Gipfel des mächtigen Berges an, und in den Klüften und Absätzen dieser trotzigen Gebirgsmauer brüteten gleichfalls noch etliche Paare an absolut unzugänglichen Orten."

NORDERHAUG (vgl. OWEN u. NORDERHAUG 1977, auch NORDERHAUG et al. 1965, OWEN 1980) konstatierte deutlichen brutökologischen und Wandel der Verbreitung in den 50er und 60er Jahren. Mehr Nester wurden auf Offshore-Inseln als auf Höhenzugflanken gefunden, 1977 20 Nester auf einem Inselchen von weniger als 1 ha angetroffen. Nestabstände nur 2 m. ,,Die Gänse brüten noch in Tälern ... aber dort können heute weniger sichere Nistplätze sein als früher" (OWEN u. NORDERHAUG 1977). Auf der Barentsinsel traf DE KORTE (1972) sämtliche Nester auf Seefelsengesimsen, 5—28 m über NN, an. OWEN und NORDERHAUG (1977) rechnen damit, daß ,,dies weiter verbreitet sein könnte als in den nördlichen Teilen des Areals bisher vermutet".

Die Barentssee-Population bevorzugt zum Brüten die Scheitel von Meeresuferfelsen (um 50 m hoch). Seltener siedeln sich die Vögel auf felsigen Flußufern in Mündungsnähe an. Gelegentlich brüten sie im Inselinneren (USPENSKIJ 1951, 1964, 1965; KARPOWITSCH, KOCHANOW 1967). Auf den Uferpartien der Südinsel von Nowaja Semlja finden keine Bruten statt (USPENSKIJ 1951).

Auf Nowaja Semlja umfassen die Brutkolonien gewöhnlich 8—12 Paare, und nur im Süden — in den Buchten Seleznewaja, Sachanicha und Tschernaja — existierten solche mit 100 und darüber. Nestdistanz nicht unter 2 m; auf Golec brüteten sie in Steilufernähe 2—6 m voneinander (USPENSKIJ 1964). Dieser Autor stellte an einem Einzelnest deutliche Beziehung zu brütenden Wanderfalken (*Falco peregrinus*) fest. Sehr wahrscheinlich resultiert daraus wie auch bei anderen kleineren Gänsen (z. B. *B. ruficollis*) einiger Schutz vor Feinden, in erster Linie dem Eisfuchs.

Das Nest selbst ist in einer natürlichen Vertiefung des Bodens, kleinen Einsenkung im Fels, mitunter etwas erweitert (in weichem Grund von den Tieren ausgegraben), manchmal eine Mulde in einem Grashorst, die mit trockenen Halmen, Moos, Flechten, Wasserpflanzen ausgelegt ist. Im Verlauf von Ablage und Brut wird das Nest von innen mit Dunen ausgestattet. Alte Nester werden mehrmals genutzt.

Vollgelege auf Spitzbergen, Nowaja Semlja und Wajgatsch mit 3—8, öfter auf beiden erstgenannten 4—5 Eiern (LØVENSKIOLD 1964, USPENSKIJ 1964, DE KORTE 1972). Mittlere Gelegegröße auf Westspitzbergen 1964 2,6 (von 59 Bruten — NORDERHAUG et al. 1965). Auf Nowaja Semlja enthielten etwa 6 von 60 kontrollierten Nestern 1, selten 2 Eier von *Somateria mollissima* (USPENSKIJ 1964). Frische Eier sind nahezu reinweiß, ganz schwach gelb- oder grauweiß (LE ROI 1911, JOURDAIN 1922, NYHOLM 1965). Bebrütete sind gelbbräunlich und glänzend geworden — detailliert zu Maßen, Form und Färbung siehe bei o. g. Autoren und SCHÖNWETTER 1960.

Fortpflanzungstermine im europäischen Bereich einander ähnlich, obwohl über Jahre etwas schwankend (JOURDAIN 1922, USPENSKIJ 1951, LØVENSKIOLD 1964, NYHOLM 1965, DE KORTE 1972). Eiablage ab Ende Mai bis in erste Juni-Dekade. In Einzelfällen sich über den ganzen Juni hinziehend, hauptsächlich wenn Eier verlorengehen oder frühe Gelege erfroren. Nachgelege noch im Juli. Früheste Eier auf Spitzbergen am 30. Mai, sehr späte am 8. Juli (LØVENSKIOLD 1964). NORDERHAUG et al. (1965) meldeten für Dunöyane am 14. Juni nur noch wenige Nester mit Eiern. ,,Schlupfhaupttermin wahrscheinlich 4.—11. Juli" (l. c.). DITTAMI et al. (1977) trafen am 26. Juni (1975) die Gänse auf der inneren und äußeren Hansholmane-Insel noch brütend an und notierten dann 2,8 Gössel je Familie sowie einen Anteil erfolgloser bzw. Nichtbrüter von 78%. Ganz frühe Spitzbergen-Gössel am 11. Juli (NYHOLM 1965). Auf Nowaja Semlja am 8. Juli eben erst geschlüpfte Junge in den Nestern (USPENSKIJ 1951).

DITTAMI et al. (1979) protokollierten 1975 Schwimmwanderungen Junge führender Eltern die Küstenlinie entlang, um von ,,off shore" gelegenen Bruteilanden aus passende Uferpartien zu gewinnen. In manchen Fällen wurden dafür mit 2—3 Tage alten Gösseln 8—10 km zurückgelegt.

Zu Mauser und postnuptialem Geschehen auf Spitzbergen vgl. DITTAMI et al. (1979), zu Biologie und Verhalten allgemein siehe auch bei BAUER und GLUTZ VON BLOTZHEIM (1968), CRAMP (1977), OWEN (1982).

Ernähren sich in Brut- und Mauserzeit vegetabilisch, im wesentlichen von Halmen und Stengeln von auf Wiesen hervorsprießenden Gramineen. Daneben Knospen, Blätter und Blüten von Polarweide, Ried. Gelegentlich Moose und Flechten. Sehr selten tierliche Zukost — Krebstiere, Wasserinsekten, eventuell Mollusken (PTUSCHENKO 1952, USPENSKIJ 1964, DE KORTE 1972).

Wanderungen

Jede der drei Populationen hat eigenes Winterquartier und eigene Zugwege, so daß Überwechseln von Stücken wohl weder zur Brut- noch zur Zugzeit passiert.

Die grönländischen Weißwangengänse brechen Ende August/Anfang September zu den Überwinterungsgebieten auf. Temperaturmittel dort von Dezember bis Februar 4,4 °C. HALL (1966) publizierte für Ende August Flüge nahe Syd Kap (Jameson Land), vgl. auch ,,Oekologie". Über isländische Rastplätze (siehe Karte bei OWEN 1982) werden ausgedehnte Räume an der irischen und schottischen Küste erreicht — vgl. Karte mit ,,Gruppenplätzen" und Liste der Luftinspektion von 1957—1973 (p.

140 u. 141) bei OGILVIE und BOYD (1975). Diese Liste verzeichnet 54 Plätze innerhalb folgender Abschnitte: East Coast (Irland), Kerry-Clare, Galway-S Mayo, W- und N-Mayo, Sligo-Donegal, Islay, Inner Hebrides, Outer Hebrides, Skye, W- und N-Coasts. Die wenigsten Vögel sind an der Ostküste registriert worden, die meisten auf Islay (durchschnittlich 6843), gefolgt von den Äußeren Hebriden (Mittel 2343) sowie W- und N-Mayo (2479 Ex.). Ähnliche Erhebungen für die Großräume Argyll, Inverness, Ross und Sutherland zwischen 1957 und 1966 veröffentlichte BOYD (1968) — siehe ausführlich dort (u. a. Karte p. 100 u. Tab. I. u. VI). Vom 1.—4. April 1966 wurden dort insges. 15200 Gänse gezählt. Das Gros war auf den Hebriden (etwa 10000). Die ersten werden Mitte Oktober beobachtet, der Rest findet sich in aller Regel bis Ende dieses Monats ein. Danach flaut das Wandergeschehen deutlich ab, im Winterquartier selbst findet nur geringe Bewegung statt.

Traditionelle Aufenthaltsräume in der kalten Jahreszeit sind im Küstenbereich. Die Vögel äsen auf Kurzrasen, die einst auf exponierten Küsteneilanden zu finden waren, neuerdings auf urbar gemachten Sumpfflächen. In den letzten Jahren wurden die meisten Gänse in den Süßwasserhabitaten agrokulturell gemanagter Weidegründe beobachtet.

In der 2. April-Hälfte wird das Winterquartier verlassen, bis Mitte Mai in Tälern Islands (vgl. Wegzug) gerastet. Im späten Mai treffen sie an den grönländischen Brutplätzen ein.

Die Spitzbergen-Population überwintert im Südwesten Schottlands, an den Ufern der Solway-Bucht. Dortiges Temperaturmittel Dezember-Februar 4,5 °C. Vom Brutgebiet nach Schottland und umgekehrt verfolgen die Vögel, nach beringten Stücken zu urteilen (LARSEN u. NORDERHAUG 1964, BAUER und GLUTZ VON BLOTZHEIM 1968), im wesentlichen diese Route: Zuerst nach Süden zur norwegischen Küste, danach längs ihrer nach Südwesten. Ob regelrechter Aufenthalt genommen wird, ist unsicher; registriert wurde Rast von wenigen Stunden, Nahrungsaufnahme nicht. Es kann nicht ausgeschlossen werden, daß sich ein Teil Zügler einige Zeit auf südwestnorwegischen Inseln sammelt, bevor die Nordsee überquert wird — die Erstbeobachtungstermine ziehen sich dann hin. Andere überfliegen die Nordsee ohne Zögern; nahezu alle treffen sodann auf die schottische und nordostenglische Küste und erreichen über die Grafschaften Berwick und Northumberland die Solway-Bucht. Wenige kommen über Shetlands und Dänemark.

Vom Brutgebiet ziehen sie hauptsächlich in der ersten Septemberhälfte weg: DE KORTE (1972) sah 1968 die letzten über dem Meer am 12. September. Sehr späte 1923 im Hornsund am 22. September (KRISTOFFERSEN 1926). In der letzten August-Woche 1946 fand NORDERHAUG nur noch 60—70 im Raum Kapp Berg-Kapp Borthen, wo sechs Wochen früher noch 600 Exemplare waren, und nur sehr wenige anderswo. Die Brutplätze waren verwaist. Sichtnachweise auf Isbjornhamna und eine Staffel von 60 mit Südkurs in der Nähe von Hyttevika am 25. August signalisierten, daß die Vögel aufbrachen.

Erstbeobachtungsdaten in Solway relativ stabil. Nach Feststellungen von 1970, 1971, 1973 und 1974 zwischen 20. und 30. September (OWEN u. CAMPBELL 1974), Höhepunkt des Einflugs in den ersten 20 Oktobertagen. Früheste 28 Exemplare 1964 am 22. September bei Caerlaverock (ROBERTS 1966). Vom Räumen der Brutorte bis zum Eintreffen in Schottland vergehen etwa vier Wochen.

Die Gänse halten während ihres winterlichen Aufenthaltes zumeist Salzmarschen, Farmland und Gezeitensande besetzt.

Der Heimzug beginnt in Solway ab der 3. April-Woche, das Gros verschwindet bis zum Ende der 1. Mai-Woche. Zwei oder drei Wochen wird auf norwegischen Inseln gerastet, in der 3. Mai-Woche gewöhnlich nach Spitzbergen aufgebrochen. Ankunft nicht vor spätem Mai bzw. frühem Juni (ROBERTS 1966, OWEN 1980). Z. B. auf der Barentsinsel (im Brutgebiet) 1969 am 27. Mai, im gleichen Jahr äsende Durchzügler im Rosenbergdalen (Edge-Insel) am 19. und 20. Mai (DE KORTE 1972). In Jahren mit spätem Frühling kommen sie wahrscheinlich in der 1. Juni-Hälfte an (LØVENSKIOLD 1964).

Die russischen Weißwangengänse verbringen den Winter in den Küstenniederungen Hollands (Temperaturmittel im Rhein-Delta zw. Dezember u. Februar 3,1 °C). Im November vergrößert sich das Vorkommen an der Westküste Schleswig-Holsteins (zu seiner Untergliederung in 3 Phasen u. Interpretation vgl. bei BUSCHE 1977). Harte und strenge Winter treiben die Art in relativ geringer Anzahl über ihr Hauptquartier hinaus nach Südwesten in angrenzende Teile Belgiens und Nordwestfrankreichs (ROUX 1963). Nur ausnahmsweise werden Stücke winters in Dänemark und Südschweden (Skane) angetroffen. Inhaltsreiche Übersichten und biologische Analysen zu Überwinterungsgeschehen und Wanderungen der russischen Population sind kontinuierlich publiziert worden; wir empfehlen diese Arbeiten heranzuziehen: BAUER und GLUTZ VON BLOTZHEIM 1968, TIMMERMANN 1962 (u. a. Phänologie in Niederlanden zw. 1917 u. 1961), STICHMANN und TIMMERMANN 1965 (Verhältnisse in Deutschland, Niederlanden und Belgien zw. 1960 u. 1963), OUWENEEL 1971 (Hollands diep-Harvingvliet-Platz), BUSCHE 1977 (Schleswig-Holstein), CRAMP 1977, KISCHTSCHINSKIJ 1979, OWEN 1980, 1982, ROOTH et al. 1981 (Niederlande 1974—1979), EBBINGE 1981 (Wattenmeer insgesamt), 1982; YDENBERG et al. 1983 (Schiermonnikoog-Gänse). Deshalb im folgenden nur kursorisch:

Ursprünglich unregelmäßiger und spärlicher Wintergast in Zuid-Holland und Zeeland, selten im Inland gesehen, einige Male ziehend die Küste entlang. Mit Beginn der 50er Jahre wandelte sich das Bild; der Winterbestand stieg stark an. Konzentration im Süden (Hollandsch-diep-Harvingvliet) im Delta und im Norden in Friesland seit Urbarmachen des Bantpolders, so daß heute zwei Rastzentren. Die Vögel zeigen entschiedene Präferenz für „Kollisionszonen" von Salz- und Süßwasser bzw. Überbleibseln davon. Die Vegetation dort gehört zum Agropyro-Rumicion crispi. Im Norden (rund um die Lauwerszee) nächtigen sie auf flachen Sandbänken im Wattenmeer, im Süden auf ähnlichen im Hellegat, Harvingvliet und auf der Scheehoekbank. In hellen Mondnächten wird mitunter auf den Äsungsplätzen geschlafen (vgl. TIMMERMAN 1962, OUWENEEL 1971).

Zum Ablauf des Niederlande-Aufenthalts: Erste Gänse Ende September, Massenankunft gewöhnlich in der 2. Oktober-Woche. Im Herbst Gros versammelt im Wattenmeer, später Ausbreiten über Zentrum und Süden Frieslands sowie Rhein-Delta (ROOTH et al. 1981). Die normale Winter-Population beziffert OUWENEEL (1971) auf 4000—8000. Kältewellen drücken vom Norden größer werdende Mengen Richtung Rhein-Delta — dann 10000-15000 und darüber (rd. 20000 am 22. 2. 1969). In ungewöhnlich strengen Wintern können sich bis zu 50% des Weltbestands der Art hier einfinden. STICHMANN und TIMMERMAN (1965) lieferten eindrucksvolle Daten für Norddeutschland, Niederlande und Belgien von 1960—1963. Ausgewählte: 1961/62: Erste Weißwangengänse an Lauwerszee Mitte Oktober, im November vor Küsten Schleswig-Holsteins 25000 Ex., 16. November etwa 1000 im südlichen Jadebusen, 17. November 3400 an Lauwerszee, Mitte Dezember Hauptmenge in den Niederlanden, Mitte Januar 22000 ebendort, Mitte Februar 16000 (Friesland 9500, Harvingvliet-Hollandsch Diep 6500, Zeeland 600), Anfang März noch 7500, Mitte März unter 4000, letzte am Jadebusen 16. März, in Friesland am 25. März.

1962/63: Lauwerszee am 24. Oktober 600 Ex., Ende November bereits über 10000. Spitze Mitte Dezember mit etwa 26400 (17000 an Lauwerszee, 4000 auf Goeree-Overflakkee, 5400 Willemstad im Harvingvlied-Gebiet. Mitte Januar Kälte- und Schneeflucht nach Süden (12. 1. noch 22000, bald darauf 5000). Im Februar nur noch 3000—4000 in Holland. Im belgischen Reservat „Het Zwin" im Januar und Februar 250—400, am 1. März 850, 2. März ca. 1800, gleichzeitig Durchzug von mindestens 2000. Damit Auftakt zum Heimzug — an Lauwerszee Mitte März 8000—10000. 10./11. März erste Rückzügler wieder im schleswig-holsteinischen Krs. Eiderstedt — Anstieg auf über 2000 bis 22. März. Im April wurden die Niederlande geräumt — letzte 1200 am 5. April bei Willemstad, 800 auf Goeree-Overflakkee am 17. April. Keine Gänse mehr im Krs. Eiderstedt am 5. Mai. Der Heimzug führt in schmaler Front über das obere Jütland und die südlichen dänischen Inseln, die Südküste Schwedens entlang nach Öland, Gotland (hier rasten bis 10000) und nach West-Estland, wo sich auf den Küstenwiesen der Inseln Saarema, Muchu, Chijuma, Wormsi, Abruka, Matsalu-Bucht und der Meerenge Sur-Wjajn (= Moonsund) die zweite Rückzüglerwelle zur Rast einfindet.

Im großen und ganzen ziehen im Frühling bis 20000 Weißwangengänse durch Estland, hauptsächlich das Südgestade Saaremas entlang und über den Moonsund. Die ersten Flüge erscheinen am Westrand von Saarema Ende März/Anfang April. Massenzug fällt in die 3. April-Dekade, das Maximum auf Mitte Mai. Zwischen 20. und 25. Mai verschwinden alle rasch (KUMARI, JYGI 1972).

Die nächstfolgende Heimzugetappe (1600—1800 km) bewältigen die Vögel über Finnischen Meerbusen, Karelische Landenge und Südkarelien, anscheinend ohne nennenswerten Aufenthalt unterwegs (KISCHTSCHINSKIJ 1979). Der nächste bekannte Rastplatz ist die Halbinsel Kanin (SPANGENBERG, LEONOWITSCH 1960; KISCHTSCHINSKIJ 1979). Von dort werden die Brutgebiete sicher direkt angeflogen, teils über die Insel Kolgujew. Früheste Vögel auf Wajgatsch und Nowaja Semlja bemerkte man in der 2. Mai-Dekade (GORBUNOW 1929, USPENSKIJ 1951, 1958).

Der herbstliche Wegzug verläuft allmählich, wahrscheinlich mit mehr, jedoch kurzen Unterbrechungen, zeitlich abweichend seitens einzelner Staffeln, ebenso auf differierenden Trassen in verschiedenen Jahren. Auf Nowaja Semlja sind Stücke bis zum 27. August gesehen worden (USPENSKIJ 1964). Ziehende Ringvögel wurden auf Kanin am 29. August und 19. September erlegt (KISCHTSCHINSKIJ 1979). Nichtbrüter brechen wahrscheinlich früher auf; solchen ist man Mitte August in Finnland und in der Elbe-Mündung begegnet (BAUER und GLUTZ VON BLOTZHEIM 1968, KISCHTSCHINSKIJ 1979 fide HARRISON 1952). Sie wandern durch das Weiße Meer, wo bedeutende Zahlen am Sosnowec-See und in der Dwina-Bucht vom 17.—22. Oktober notiert wurden (BIANKI et al. 1975), Ende September bis Oktober aus Karelien ins Ladogasee-Gebiet (NOSKOW et al. 1981), auf die Karelische Landenge (MOSKALEW 1975) und ins südliche Finnland. Dann folgen sie dem Rande des Finnischen Meerbusens, wo beispielsweise auf estnischem Territorium (NW-Ufer von Chijuma, zuweilen W-Küste von Saarema) das Wegzugsgeschehen lebhafter ist als im Frühling, obwohl im ganzen estnischen Herbst kaum halb so reich wie beim Heimzug (KUMARI, JYGI 1972). Einige erreichen Estland Mitte September (KISCHTSCHINSKIJ 1979), die Masse zieht von der 1. Oktober-Hälfte bis zur 2. November-Dekade durch (KUMARI, JYGI 1972). Weiter nach SW zur schwedischen Küste, kurze Rasten auf Gotland, manchmal Aufenthalt Oktober—November an Kalmar-Sund-Rand und im Süden Ölands, wo starker Zug herrscht (HJORT 1976).

Relativ wenige wandern südlicher, tauchen auf Bornholm auf (BAUER und GLUTZ VON BLOTZHEIM 1968), passieren auch, besonders im Herbst, DDR-Küstenland: in den Kooser Wiesen am 18. November 1972 397 Ex., auf dem Gr. Werder/NSG Bock Oktober/November 1973 max. 400 (NEHLS in KLAFS u. STÜBS 1977).

Letzte Pausen werden im Oktober und November auf den dänischen und Nordfriesischen Inseln gemacht (WOLF 1968, BOFENSCHEN u. KRAMER 1969). Jahrweise unterschiedlicher Bestand — im Durchschnitt 2500 — verbleibt von Mitte Dezember bis Mitte Januar je nach Winterverhältnissen an der schleswig-holsteinischen Westküste. „Dieser Restbestand setzt seinen Zug in die niederländischen Winterquartiere erst fort, wenn eine (längerfristige) Schneedecke im gesamten Westküstengebiet die Nahrungsaufnahme verhindert. Im Kältewinter 1969/70 gab es keine Überwinterung" (BUSCHE 1977).

Abseits regulärer Zugstraßen und Winterungsplätze erscheint *B. leucopsis* unregelmäßig und in geringer Zahl, von anderen Gänsearten mitgerissen (u. a. von *B. bernicla*), mit denen Brutgemeinschaft und Zugkopplung bestehen. Verflogene und Irrgäste sind reichlich bekannt gemacht worden (siehe z. B. HØRRING u. SALOMONSEN 1941, BAUER und GLUTZ VON BLOTZHEIM 1968, KISCHTSCHINSKIJ 1979). Die Art hat S-Baffin-Land besucht, Long Island (New York) und North Carolina, sehr selten Westgrönland, die Azoren, den Biskaya-Golf, Spanien, Marokko, Jugoslawien, Rumänien und Ägypten. In der 2. August-Hälfte 1960 erschienen einige weit im Nordosten — auf Alexandra-Land (Franz-Josef-Land), vgl. PAROWSCHTSCHIKOW (1962).

Auf dem Zug und in den Winterquartieren wird Sumpf- und Wasservegetation mehr und mehr zur Basisnahrung, wenn auch vegetative Teile von Weißklee (*Trifolium repens*) und anderen Kulturpflanzen erheblichen Anteil am Nahrungsspektrum haben. Deren Fülle und Erreichbarsein variieren zeitlich die Intensität des Ausnutzens. Dazu im einzelnen bei BAUER und GLUTZ VON BLOTZHEIM (1968), CRAMP (1977), ROOTH et al. (1981), YDENBERG und PRINS (1981).

XIII

1986

Branta ruficollis (Pallas)

bearbeitet von

I. A. NEUFELDT und K. WUNDERLICH

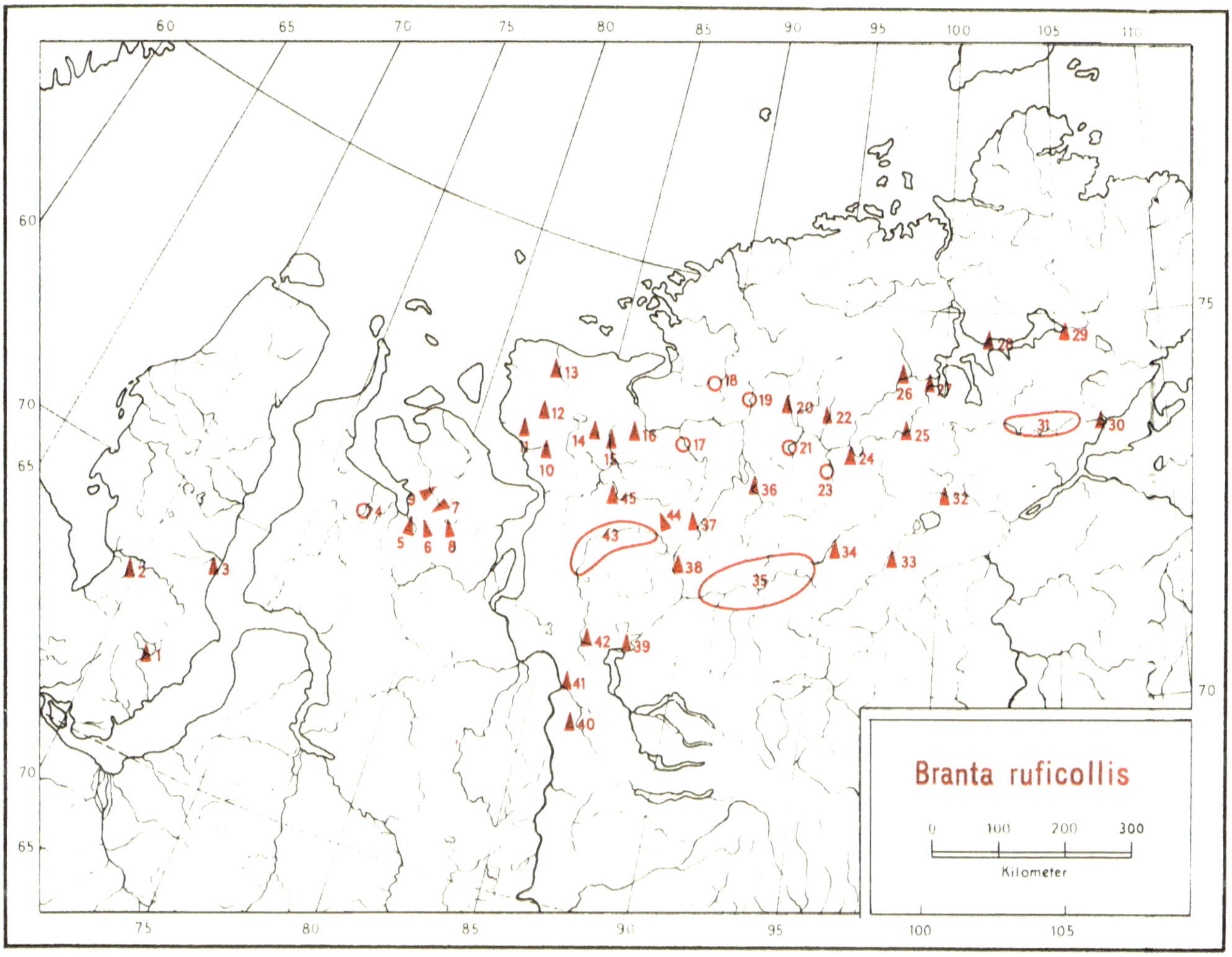

FUNDORTLISTE

Halbinsel Jamal		
1. See Jarro-To	Bs	DANILOW et al. 1977
2. Fluß Juribej (Jamal), Mittellauf	Be	DANILOW et al. 1977
	B	BALACHONOW et al. 1979
3. Siedlung Japtik-Sale	Bs	DANILOW et al. 1977
Gydan-Halbinsel		
4. Fluß Juribej (Gydan) bis zur Nejra-Mündung	A	NAUMOW 1931, Coll. Zool. Inst. Leningrad
5. See To-ngaewa, E Gyda	A	NAUMOW 1931
6. Fluß Gyda	A	Coll. Zool. Inst. Leningrad
– Gyda-Oberlauf	NJ	LINKOW 1982
7. Fluß Jambu-sjo (= Jambuto = Jambu-tojach), S See Jambu-to	N	NAUMOW 1931
8. Fluß Chassejn-to-sjo (= Chosejn-to-sjo)	N	NAUMOW 1931
– See Chosejn-To	J	LINKOW 1982
9. Fluß Esi-Jacha, Quellen	B	LINKOW 1982
– Fluß Marieta-Jacha (Zufluß d. Esi-Jacha)	N	LINKOW 1982
Tajmyr-Halbinsel		
10. Glubokaja-Fluß, 150 km N der Goltschicha	J	TUGARINOW, BUTURLIN 1911
	A	MICHEJEW 1948
	J	JAKUSCHKIN et al. 1968
– Glubokaja-Mündung	J	Coll. Zool. Inst. Leningrad
11. Kamenka-Fluß (15 – 20 km N der Glubokaja)	A	MICHEJEW 1948
12. Fluß Syradasaj	B	JAKUSCHKIN et al. 1968

13. Fluß Ubojnaja, unweit Dikson	J	KRETSCHMAR 1966
14. Fluß Malaja Bystraja	N	ZYRJANOW, PAWLOW 1977
15. Pura-Mittellauf	ABNJ	KRETSCHMAR 1966; KRETSCHMAR, LEONOWITSCH 1977
– Buotankaga-Mündung (SW d. Syruka-Sees)	N	ZYRJANOW, PAWLOW 1977
16. Pura-Unterlauf	ABNJ	KRETSCHMAR 1966; KRETSCHMAR, LEONOWITSCH 1977
– Insel im Unterlauf d. Pura	N	ZYRJANOW, PAWLOW 1977
17. Fluß Mokoritto	AJc	DOROGOW et al. 1979
18. Binjuda-Mittellauf	B	JAKUSCHKIN et al. 1968
19. Fluß Tareja	ABNJ	KRETSCHMAR, LEONOWITSCH 1967
	B	JAKUSCHKIN et al. 1968
– Ljungfada-Fluß	B	WINOKUROW 1981
20. Ajatari-Mündung	B	JAKUSCHKIN et al. 1968
21. Fluß Luktach	B	JAKUSCHKIN et al. 1968
	B	WINOKUROW 1981
22. Deptumala	B	JAKUSCHKIN 1979
23. Gorbita-Mündung	NJa	JAKUSCHKIN et al. 1968
– Gorbita-Tal	ANs	JAKUSCHKIN 1979
24. Unterlauf d. Logata	ANa	JAKUSCHKIN 1979
25. Logata-Oberlauf, von d. Sewernaja-Mündung bis zur Mündung d. Kubulach	J	STILMARK 1976
26. Bolschaja Bootankaga, linker Zufluß d. Werchnjaja Tajmyra	B	JAKUSCHKIN 1979
27. Mündung d. Werchnjaja Tajmyra	B	JAKUSCHKIN et al. 1968
28. Nordgestade d. Tajmyr-Sees, Sawitscha-Insel nahe d. Oshidanija-Bucht	NJ	SDOBNIKOW 1959
29. Ostufer d. Tajmyr-Sees, Insel Cwetotschnyj	N	SDOBNIKOW 1959
– Bezymjannyj-Insel, westl. d. gleichnamigen Bucht	N	SDOBNIKOW 1959
30. Gusicha-Mündung	B	JAKUSCHKIN et al. 1968

– Gusicha-Fluß	B ?	WINOKUROW 1981
31. Bassin d. Bolschaja Balachnja	A	SCALON 1935
	B	JAKUSCHKIN et al. 1968
	B	STILMARK 1976
32. Fluß Nowaja, nahe d. Tschernaja-Mündung	B	JAKUSCHKIN et al. 1968
– Nowaja-Oberlauf	B	STILMARK 1976
33. Oberlauf d. Boganida	N	MIDDENDORF 1869
34. Dudypta-Oberlauf	B	JAKUSCHKIN et al. 1968
35. Dudypta-Becken	B	STILMARK 1976
36. Fluß Jangoda (= Janguda)	B	JAKUSCHKIN et al. 1968
	AJc	DOROGOW et al. 1979
	N	PLOTNIKOW 1979
37. Fluß Jakim, Zufluß zur Pjasina, NE Barasmu-See	B	JAKUSCHKIN et al. 1968
	N	PLOTNIKOW 1979
38. Arbaj jar, Pjasina unterhalb d. Ansiedlung Agapa (= Ystje Agapy)	N	PLOTNIKOW 1979
39. Polowinka-Fluß	B	JAKUSCHKIN et al. 1968
40. Fluß Dudinka, 60 km NE Nikolskoje	A	ROGATSCHEWA 1959
41. Kosaja-Fluß, N Dudinka	J	JAKUSCHKIN et al. 1968
– N Dudinka	AJ	SEEBOHM 1882
42. Agapa-Oberlauf	B	JAKUSCHKIN et al. 1968
	N	PLOTNIKOW 1979
43. Agapa-Ober-, Mittel- u. Unterlauf	N	KRETSCHMAR 1966
	ABNJ	KRETSCHMAR, LEONOWITSCH 1967
	AJ	DOROGOW et al. 1979
	N	JAKUSCHKIN et al. 1968
44. 1. u. 2. Purinskoje See (= Purinskije See = See Barasmu)	N	KRETSCHMAR 1966
	ABN	KRETSCHMAR, LEONOWITSCH 1967
45. Oberlauf d. Pura	ABNJ	KRETSCHMAR 1966; KRETSCHMAR, LEONOWITSCH 1977
	B	JAKUSCHKIN et al. 1968

LITERATUR

BALACHONOW et al. 1979 — Biol. problemy Sewera, 8 simp., Tezisy doklad. Apatity. 91–92.

BAUER und GLUTZ VON BLOTZHEIM 1968 — Handb. Vögel Mitteleuropas. II (1). Frankfurt/M. 240–243.

DANILOW et al. 1977 — Tezisy doklad. 7 Wsesojuzn. orn. konf. Kiew. 2. 210.

DOROGOW et al. 1979 — Migr. i ekol. ptic Sibiri. Jakutsk. 75–76.

DIJKSEN u. SMITH 1974 — IWRB-Bull. 37, 59–60.

HAFNER u. JOHNSON 1969 — IWRB-Bull. 27/28, 52–53.

ISAKOW 1979 — Migr. ptic Wost. Ewropy i Sew. Azii. Aistoobraznye-plastintschatokljuwye. Moskwa. 203–209.

ISAKOW, WOROBJEW 1940 — Trudy zapow. Gasan-Kuli 1, 33–36.

JAKUSCHKIN 1979 — Migr. i ekol. ptic Sibiri. Jakutsk. 111–113.

JAKUSCHKIN et al. 1968 — Resursy wodoplaw. ditschi w SSSR, ich wosproizwod. i ispolz. 2. Moskwa. 48–50.

JOHNSON u. HAFNER 1970 — Wildfowl 21, 26, 32.

KÖHLER 1980 — Falke 27, 150–151.

KRETSCHMAR 1965 — J. Orn. 106, 440–445.

KRETSCHMAR 1966 — Trudy Zool. Inst. AN SSSR 39, 215–218.

KRETSCHMAR, LEONOWITSCH 1967 — Problemy Sewera 11, 229–234.

LEBRET et al. 1975 — IWRB-Bull. 39/40, 49.

LINKOW 1982 — Ornitologija 17, 185.

MICHEJEW 1948 — Ochrana prirody. 4. Moskwa. 113.

MICHEV, NANKINOV, IVANOV u. POMAKOV 1983 — Aquila 90, 52–53.

MIDDENDORF 1869 — Puteschestw. na sew. i wost. Sibiri. 2/5. SPb.

MOROZKIN 1976 — Trudy Oksk. zapow. 13, 53–56.

NAUMOW 1931 — Trudy Poljarnoj kom. 4. 66–69.

NAZARENKO 1972 — Transkontinent. swjazi pereletn. ptic i ich rolj w rasprostr. arbowirusow. Nowosibirsk. 33.

PLOTNIKOW 1979 — Ochota i ochotn. chozjajstwo 12, 8–9.

POPHAM 1897 Ibis 3 (7), 99–100.
PUSCARIU 1983 Aquila 90, 24.
ROGATSCHEWA 1959 Georg. nasel. nazemnych pozwon. i metody ego izutsch. Moskwa-Leningrad. 197–207.
SABINEWSKIJ 1977 Fauna i biol. guseobr. ptic. Moskwa. 73–74.
SAVAGE 1967 Wildfowl Trust, 18. Rep., 151.
SCALON 1935 Gerfaut 1, 13.
SDOBNIKOW 1959 Trudy Nautschno-issled. inst. sel. chozjajstwa Kr. Sew. 9, 172–174.
SEEBOHM 1882 Siberia in Asia. London. 2.17.
SHARKOWA, BORSHONOW 1972 Gusi w SSSR. Tallin. 117–126.
SHITKOW 1912 Ann. Mus. Zool. Acad. Sci. 17, 325.
STERBETZ 1962 Allattani Közl. 59, 97–103.
STERBETZ 1982 Aquila 89, 110–111, 112–114.
STERBETZ u. SZIJJ 1968 Vogelwarte 24, 266–277.
STILMARK 1976 Bjull. Mosk. ob. ispyt. prirody 81, 1, 134–136.
TĂLPEANU 1972 Trav. Mus. Hist. Nat. „Grigore Antipa" 12, 343–354.
TUGARINOV, BUTURLIN 1911 Zap. Krasnojarsk. otd. Russ. geogr. ob. 3–4, 229–230.
VINOKUROW 1982 Aquila 89, 115–122.
WINOKUROW 1981 Ekol. i biocenot. swjazi pereletn. ptic Zapad. Sibiri. Nowosibirsk. 182–185.
ZYRJANOW, PAWLOW 1977 Fauna i biol. guseobr. ptic. Moskwa. 71–73.
ZYRJANOW, PAWLOW 1979 Migr. i ekol. ptic. Sibiri. Jakutsk. 143–144.

Branta ruficollis (Pallas)

Rothalsgans

Zur Verbreitung

Areal sehr begrenzt — Endemit des nördlichen Westsibiriens.

Das Brutgebiet umfaßt:

1. das Zentrum der Halbinsel Jamal (vom See Jarro-To bis zur Niederlassung Japtik-Sale), wo die größte Dichte am Juribej-Mittellauf erreicht wird und sich die Gesamtzahl auf wenigstens 100 Paare beläuft (DANILOW et al. 1977). Die Vermutung SHITKOWS (1912), die Art brüte noch höher im Norden, hat sich später nicht bestätigt; dorthin fliegt *B. ruficollis* nur selten.

2. die Tundren der Gydan-Halbinsel, nach Norden anscheinend bis zur mittleren Esi-Jacha (LINKOW 1982), wo wenig zahlreich und nur sporadisch verbreitet.

3. die Halbinsel Tajmyr — hier nistet sie im Westteil von der Waldtundra bis zur Nordgrenze der eigentlichen Tundra, im zentralen und östlichen hingegen in der Unterzone der Strauch- und typischen Tundren. Dies ist der Hauptbrutplatz der Species. Der Nordrand der Ansiedlung verläuft ungefähr vom Ort Dikson über den Pjasina-Unterlauf und längs des niedrigen Byrranga-Berges; der östliche über das Ostende des Tajmyr-Sees, die Gusicha und den Unterlauf der Bolschaja Balachnja (Chatangskij Bucht); die Südgrenze durchläuft im wesentlichen nicht die Breite von Unter- und Mittellauf der Cheta und kommt lediglich am unteren Jenisej bis Dudinka herab; westwärts geht die Art bis zur Jenisej-Bucht. Wie überall im Areal ist auch auf Tajmyr die umrissene Verbreitung überaus mosaikartig — die Verteilung von für Brut und Mauser geeigneten Plätzen bringt das zuwege (vgl. Habitat).

Nord- und Ostperipherie der Tajmyr-Population sind nahezu stets von der jeweiligen Kopf-Gesamtzahl, den biotischen und Witterungsbedingungen in jedem Jahr abhängig. Die Hauptfortpflanzungsräume und Sammelplätze für brutunreife Mauservögel sind sehr beständig und werden viele Jahre aufgesucht (WINOKUROW 1981).

Zur Zeit konzentriert sich Brüten auf Tajmyr: Im Pjasina-Becken — in den Tälern ihrer Zuflüsse Agapa, Jangoda, Mokoritto, Pura, weniger von Dudypta, Tareja, Binjuda und einigen anderen Flüßchen und Seenplatten, auch an den Pjasina-Ufern selbst, wo allerdings nur einige Brutvorkommen unversehrt geblieben sind; im Werchnjaja Tajmyra-Bassin — in den Tälern der Gorbita, Logata, in manchen Jahren auch am Luktach (STILMARK 1976; ZYRJANOW, PAWLOW 1977, 1979; DOROGOW et al. 1979; JAKUSCHKIN et al. 1979; WINOKUROW 1981).

Schon SDOBNIKOW (1959) hat bemerkt, daß der Vogel am Tajmyr See nicht alljährlich brütet und auch nur auf wenigen Inseln; kleine Ansiedlungen werden dort, besonders auf Inseln im NW-Teil und in den Tälern von Flüßchen, die in den See von Süd und Ost münden, unregelmäßig angetroffen (WINOKUROW 1981).

Zehnjährige Forschungen dieses Autors und seine Analyse veröffentlichten und unveröffentlichten Materials machten deutlich, daß von 1966—1976 der Gesamtumfang des Brutgebietes auf Tajmyr nahezu gleichgeblieben ist. Jedoch ist die Zahl der Gänse bedeutend geschrumpft: Zwischen 1966 und 1969 sind sie von vielen früheren Brut- und Mauserplätzen verschwunden, die Nordgrenze im Pjasina-Becken hat sich um fast 250 km nach Süden verschoben, gruppenweise mausern jetzt nur noch 10—20 Ex., anstatt 70—100 in den 50er Jahren. Zwischen 1970 und 1973 stabilisierte sich die Bestandsziffer. Von 1974—1976 stieg sie geringfügig an, und zwischen 1966 und 1969 aufgegebene Brutplätze wurden neu besetzt, z. B. an Binjuda und Tareja. Schätzungsweise erreicht die Tajmyr-Population 15000 Ex.

Hauptursachen für den Kopfschwund über 10 Jahre sind, negativer Faktoren während des Zuges und in den Winterquartieren ungeachtet, nach Auffassung von WINOKUROW (1981) diese: 1. Gewachsene Zahl der Fischer und Jäger mit kleinen Motorbooten und Hunden während der 60er Jahre in den Bassins von Pjasina und Werchnjaja Tajmyra. Folgen: Vernichten sowohl von Nestern als auch Gänsen durch Hunde, Dezimieren auch der Wanderfalken (*Falco peregrinus*), mit denen (siehe unten) die Gänseansiedlungen korreliert sind. Teilweise Abschießen der Gänse, zunehmendes Stören an den

Brutplätzen, dadurch Gelegeverluste. 2. Fang mausernder Gänse für Zoologische Gärten über Jahre, 3. Rauhe Witterungsbedingungen 1968, zugleich zahlreiches Einfinden des Hauptfeindes, des Polarfuchses (*Alopex lagopus*), in den Brutkolonien infolge kompletten Fehlens von dessen Basisnahrung — der Lemminge.

Maßnahmen, die Anfang der 70er Jahre zur Einschränkung bzw. zum Beenden des Fischfanges an einer Reihe von Flüssen getroffen worden sind, haben die Präsenz von Menschen und Hunden verringert. Verbot des Gänsefangs für Tiergärten und verstärkte Propaganda für den Schutz dieser schönen Vögel haben Stabilisierung und ein gewisses Größerwerden der Tajmyr-Population gefördert (vgl. auch VINOKUROW 1982).

Spezialkarte der Verbreitung bei VINOKUROV (1982).

Oekologie

Gebrütet wird meist auf steilen Fluß- und Seeufern (Nester auf erdigen Absätzen oder in Spalten bzw. Vertiefungen an hohen Uferwänden) oder auch weniger steilen Abhängen am Rande von Flußtälern mit exponierten Terrassen (Nester hier auf den sanft ins Tal ziehenden Böschungen lehmiger Querkämme) — NAUMOW 1931, KRETSCHMAR 1966, JAKUSCHKIN et al. 1968, PLOTNIKOW 1959, WINOKUROW 1981).

Manchmal siedeln sie sich auf Flußuferfelsen an, sogar auf Felseninseln (im Tajmyr-See). Die Nester stehen dann in *Dryas*-Tundra an Absturzkanten (SDOBNIKOW 1959, KRETSCHMAR 1966). Ausnehmend selten brüten sie auf ziemlich flachen Inseln mit Moos- und Moos-Strauchdecke (Purinskije Seen, Pura-Mittellauf, Tajmyr-See im Delta der Werchnjaja Tajmyra) — SDOBNIKOW 1959, KRETSCHMAR 1966, PLOTNIKOW 1979 — oder direkt auf niedrigen Flußufern inmitten ebener Polygonbodentundra (JAKUSCHKIN et al. 1968). Generell bevorzugt *B. ruficollis* schwach hügelige Tundra, Bereiche, die Züge bergiger Landschaft tragen, stets in Fluß- oder Seenähe.

Die von vielen nordischen Gänsen bekannte Neigung, in der Nachbarschaft von Greifvögeln zu brüten, tritt bei der Rothalsgans anscheinend als ausgeprägte Schutzfunktion vor dem natürlichen Hauptfeind, dem Polarfuchs, in Erscheinung.

Die große Mehrzahl der Gänsenester (POPHAM 1897; NAUMOW 1931; KRETSCHMAR 1965, 1966; JAKUSCHKIN et al. 1968; PLOTNIKOW 1979; WINOKUROW 1981) ist in der Nähe von Wanderfalkenhorsten plaziert; durchaus möglich, daß Vorkommensdichte und Horstverteilung dieses Greifvogels die Anlage der Gänsebrutplätze mittelbar limitieren. *B. ruficollis* geht nicht in die flache Tundra, in der auch *F. peregrinus* nicht lebt. In der Regel sind die Nester der Gans 50—100 m vom Falkenhorst entfernt, manchmal noch geringer, auf Tajmyr sind einmal lediglich 1,50 m Distanz gemessen worden. Neben 1 Falkenbrutpaar siedeln sich gewöhnlich 2—3 Gänsebrutpaare an (KRETSCHMAR 1965, 1966).

Nicht selten auch brüten sie bei Horsten des Rauhfußbussards (*Buteo lagopus*) — POPHAM 1897; KRETSCHMAR 1965, 1966; JAKUSCHKIN et al. 1968, PLOTNIKOW 1979, WINOKUROW 1981. Das Brutgeschäft hebt an, sobald die Falken- und Bussardweibchen anfangen zu brüten. Die Brutnachbarschaft mit *F. peregrinus* währt fast bis zum Flüggewerden der Gänse, die mit *B. lagopus* wird ziemlich rasch beendet (WINOKUROW 1981).

Es sind Fälle bekanntgeworden, daß Rothalsgänse auf flachen und Felseninseln, auch auf niedrigen Flußufern in Kolonien von Silbermöwen (*Larus argentatus*) und Eismöwen (*L. hyperboreus*) gebrütet haben (KRETSCHMAR 1965, 1966; JAKUSCHKIN et al. 1968, WINOKUROW 1981); aus solchen Kolonien werden die Gössel kurz nach dem Schlupf rasch weggeführt. Schließlich kommt es vor, daß sie mit Saat- und Bleßgänsen (*Anser fabalis, A. albifrons*) zusammen brüten (PLOTNIKOW 1979), in Nestbezirken von Kiebitzregenpfeifern (*Pluvialis squatarola*) bauen (WINOKUROW 1981) oder sich neben Schnee-Eulennestern (*Nyctea scandiaca*) niederlassen (DOROGOW et al. 1979).

Zur Brutzeit: In Jahren mit normalem Frühlingsverlauf wird sofort nach der Ankunft an den Brutstätten zur Fortpflanzung geschritten — im gesamten Areal zu nahezu gleichen Terminen: auf Gydan am 22. VI. 4—5 Eier in den Nestern, in einigen angefangene Gelege (NAUMOW 1931). Tajmyr-See 1945: am 18. VI. Eier legendes ♀ erlegt, am 21. VI. Nest mit 6 Eiern (SDOBNIKOW 1959). Pjasina-Bassin 1963: 20. VI. Vollgelege aus 3, am 25. VI. mit 8 Eiern (KRETSCHMAR 1965, 1966). In Jahren mit kalter, rauher Witterung werden die Gelege erst ab Ende Juni/Anfang Juli gezeitigt, d. h. 10—14 Tage nach dem Eintreffen: 1961 auf Tajmyr (Pjasina-Becken) am 28. VI. ein erstes Ei, in einem anderen Nest am 4. VII. unvollständiges Gelege, am 7. VII. 5 Nester mit schwach bebrüteten Eiern (KRETSCHMAR 1965, 1966). Auf einer Insel im Tajmyr-See war 1947 ein sehr verspätetes Gelege. Am 3. VIII., als überall die Jungen die Brutplätze verlassen hatten, wurde in diesem Nest noch Schlupf registriert (SDOBNIKOW 1959).

Normalerweise geht massenhaftes Schlüpfen in der 2. Julihälfte vonstatten. Gegen Ende dieses Monats verläßt das Gros der Gössel die Nistplätze und siedelt samt den ad. aufs Wasser oder an nächstgelegene Ufer über. 1962 erschienen die juv. an der Glubokaja am 25. und 26. VII. (JAKUSCHKIN et al. 1968), auf den Purinskije Seen zwischen 21. und 25. VII; ebendort fanden sich aber im Jahr zuvor am 24. VII. in 4 Nestern noch Eier, 1963 angepickte Eier am 14. VII. (KRETSCHMAR 1965, 1966). 1966 stellten sich die juv. an Kosaja und Gorbita am 18. VII. ein (JAKUSCHKIN et al. 1968).

Die Nester werden bald unter deckenden Zwergsträuchern (Polarweiden, Birken) oder Gräsern, bald offen in Mulden bzw. Spalten von Steilabfällen angelegt. Mit Beginn der Eiablage stellt das Nest nichts weiter als eine Vertiefung dar, die etwas mit Stengeln und Halmen von Gräsern, speziell Seggen, und anderer Vegetation ausgekleidet ist, aber auch ohne alle Ausstaffierung. So wie das Bebrüten andauert, wird die Mulde reichlich mit Dunen gepolstert (NAUMOW 1931, SDOBNIKOW 1959, KRETSCHMAR 1965, 1966). Gebrütet wird in kleinen Kolonien von 2—6, öfter 2—4 Paaren, und einzeln. Bekannt sind

Von der Irtysch-Mündung also ziehen die Herbstvögel, anscheinend nonstop, auf die nordkasachische Seenplatte; auf dem Wege dorthin folgen sie am Ural-Südende der Turgaj-Depression. Dann gabelt sich der Hauptzugweg: 1. Ein fast unbekannter Teil fliegt zum Irgiz-Oberlauf, von da wandern einige über das Aral-Ostufer zum Syr-Darja (einst wurde vom Aralsee durch die Sarykkamysch-Senke zu jetzt verschwundenen Überwinterungsplätzen am Atrek-Unterlauf gezogen). Das Gros der Irgiz-Gänse wendet sich nach Süden, zum Emba-Oberlauf, erreicht von dort das Kaspische Meer und folgt dessen Nordgestade, ohne im Wolga-Delta zu unterbrechen. Nur wenige folgen dem Kaspi-Ostufer, die Halbinsel Mangyschlak umrundend, südwärts.

2. Der Hauptteil wandert zum Uril-Oberlauf und gewinnt über dessen Tal den Ural-Fluß oder geht direkt Richtung Westen und erreicht diesen an der Ob-Einmündung. Schließlich Bewegung ohne Rast über das Wolga-Ural-Zwischenstromland und die Wolga ins Gebiet der Sarpinskije Seen. Die Masse zieht durchs Manytsch-Tal (Konzentration am See Manytsch-Gudilo und einigen weiteren am Südlichen Manytsch), von dort zum Asowschen Meer und weiter durchs Schwarzmeergebiet in die Donausteppen. Ein kleiner Teil, der ins Kaukasus-Vorland gerät, ist im Herbst am Östlichen Manytsch zu beobachten, er wendet sich dann nach Südost, nach Aserbaidshan.

Eine Zusammenschau des Zugverhaltens in Europa haben STERBETZ und SZIJJ (1968) versucht sowie die erwiesenen und vermuteten Routen kartiert (p. 269). Der Umstand, daß *B. ruficollis* außerhalb der Sowjetunion inzwischen in nahezu ganz Europa und darüber hinaus freifliegend registriert worden ist (u. a. in Großbritannien, Belgien, den Niederlanden, Norwegen, Schweden, Finnland, Dänemark, der BRD, der DDR, Polen, der Tschechoslowakei, Österreich, Ungarn, Italien, Spanien, Jugoslawien, Albanien, Rumänien, Bulgarien, Griechenland, Türkei) hat die Frage nach der Höhe des Anteils von Flüchtlingen aus der Gefangenschaft aufgeworfen — siehe die ausführliche Diskussion dieses Problems durch STERBETZ und SZIJJ (1968, p. 267—268). Nach ihnen handelt es sich bei Vorkommen im mittel-, süd- und westeuropäischen Bereich zwischen Mai und September sehr wahrscheinlich um Zoo- und Parkflüchtlinge. Heute auch schon um deren Nachkommen.

Allgemein wurde konstatiert, daß kalte Winter das Zuggeschehen über die aktuellen Plätze hinaustragen, so auf iranisches Territorium (SW- u. SE-Ecke d. Kaspi), in den östlichen Irak (südlichst das Suwayqiyah-Sumpfgebiet SE Bagdad am Euphrat mit über 400 Ex. — SAVAGE 1967), in die östliche Türkei, ferner an die nördlichen Küsten der Ägäis, so in die Niederungen um die Evros-Meriç-Mündung in Griechisch und Türkisch Thrazien (Ende d. 60er Jahre bis 300, Anfang d. 70er bis 75 Gänse), auch zu den Seen westlich und östlich von Istanbul.

Rumänien (Donau-Delta u. Dobrudscha) vermag zwischen Oktober und März für 30—60% der Gesamtpopulation Winterquartier und Rastplätze zu stellen, wobei die Totalziffer der die Dobrudscha passierenden Zügler unbekannt ist, ebenso, ob weiter im Süden größere Mengen überwintern. Ausgewählte Anwesenheitsziffern: Dezember 1968 — 25000 Ex., Winter 1969/70 — 3750, 1970/71 — 9300, 1971/72 — 6000, Dezember 1973 in 2 speziellen Gebieten insges. 3200 Ex., November bis Anfang Dezember ca. 4600 (vgl. u. a. BAUER u. GLUTZ VON BLOTZHEIM 1968, JOHNSON u. HAFNER 1970, TĂLPEANU 1972, DIJKSEN u. SMITH 1974, LEBRET et al. 1975, KÖHLER 1980), PUSCARIU 1983).

Für Bulgarien schwankten die Zahlen zwischen 897 Gänsen 1978 und 16566 1980 (MICHEV et al. 1983).

Nahezu alljährlich überwintert die Art in vergleichsweise geringer Zahl in der ungarischen Tiefebene, hauptsächlich östlich der Theiß (Zusammenfassung von STERBETZ 1962, 1982).

Gelegentlich und spärlich werden Holland und Südengland angeflogen, höchstwahrscheinlich im Gefolge von hier überwinternden Bleßgans-Massen (*A. albifrons*). Die mittlere Größe der Trupps verringert sich von E nach W.

Nebenrouten ergänzen heute die relativ schmalen Hauptzugwege, die seit langem genommen werden. Europäische *Anser*-Arten (vor allem *A. albifrons*) könnten die ersten Rothalsgänse ins südosteuropäische Neuland „mitgerissen" haben. „Es ist sehr wahrscheinlich, daß die Mitgerissenen zu Traditionsträgern werden und in den nächsten Jahren durch Sozialkontakt weitere Artgenossen mitführen" (STERBETZ u. SZIJJ 1968). Verminderung solcher Traditionsträger (etwa anthropogen) könnte neue Wanderwege wieder veröden lassen.

Bei Fragen zur Produktsicherheit wenden Sie sich bitte an:
If you have any questions regarding product safety,
please contact:

Walter de Gruyter GmbH
Genthiner Straße 13
10785 Berlin
productsafety@degruyterbrill.com